高职高专教材

无机化学实验

第三版

李　朴　古国榜　编

化学工业出版社

·北京·

本教材在保留了《无机化学实验》（第二版）的框架和特点的基础上，进行了修订。可与高职高专教材《无机化学》（第三版）配套使用。全书共编入 28 个实验，包括基本操作实验、基本原理实验、重要元素及化合物性质实验和综合及设计性实验 4 个部分。实验由简到难，既加强对基本技能的训练，也注重综合能力的培养。

　　本书系高职高专教材，也可作为本科、成人教育或从事化学研究工作等人员的参考资料。

图书在版编目（CIP）数据

无机化学实验/李朴，古国榜编. —3 版. 北京：化学工业出版社，2011.1
高职高专教材
ISBN 978-7-122-10130-3

Ⅰ. 无… Ⅱ.①李…②古… Ⅲ. 无机化学-化学实验-高等学校：技术学院-教材 Ⅳ. O61-33

中国版本图书馆 CIP 数据核字（2010）第 244780 号

责任编辑：陈有华　　　　　　　　　文字编辑：向　东
责任校对：徐贞珍　　　　　　　　　装帧设计：史利平

出版发行：化学工业出版社（北京市东城区青年湖南街 13 号　邮政编码 100011）
印　　刷：北京市振南印刷有限责任公司
装　　订：三河市宇新装订厂
710mm×1000mm　1/16　印张 9½　字数 185 千字
2011 年 2 月北京第 3 版第 1 次印刷

购书咨询：010-64518888（传真：010-64519686）
售后服务：010-64518899
网　　址：http://www.cip.com.cn
凡购买本书，如有缺损质量问题，本社销售中心负责调换。

定　　价：18.00 元

前　　言

教材是知识的载体，也是提高教学质量的重要保证。因而教材的更新要能够满足教学改革的需求，并体现时代的气息、学科的进步。本教材经过第一版（1998年出版）和第二版（2005年出版）的多年使用，积累了一定的经验，同时也有需要改进和充实之处。本着优化知识结构、更新教材的原则，在第二版的基础上，决定修订编写《无机化学实验》第三版教材。

第三版教材依然保留第二版的框架体系。即将全部实验分为基本操作实验、基本原理实验、重要元素及化合物性质实验和综合及设计性实验4个部分，在原有实验的基础上新增加了两个实验。在基本原理实验部分增加了"化学反应焓变的测定"，以使无机化学基本原理部分的内容更加完整和系统。在综合及设计性实验部分增加了"植物体中某些元素的鉴定"，以体现无机化学的实用性，通过对身边事物的了解，激发学生学习的积极性。

根据实验的要求对基本操作和常用仪器的介绍附在相关实验之后，便于教学。对无机化学常用的酸度计、分光光度计、电导率仪等，新增了一些对新型号仪器的使用介绍。

对原有的内容做了适当的优化、调整。并根据高职高专教学的特点，力求体现以需用为准、够用为度的原则。有些实验附以"＊"号，学校可根据教学的要求进行取舍。

本书的编写基于华南理工大学化学化工学院无机化学教研室各位教师和实验室工作人员多年的教学经验，许多使用本教材的院校也给予了许多很有价值的建议。化学工业出版社对本书的出版提供了大量的帮助，在此向他们致以诚挚的谢意。

由于编者水平有限，书中难免会有疏漏之处，恳请同行和读者批评指正。

编者
2010 年 11 月

第一版前言

本实验教材是以《高等工程专科学校无机化学课程教学基本要求》为依据进行编写的。在我校多年无机化学实验教学实践基础上，针对一年级工程专科学生的特点，选编了 20 个实验，包括基本操作和技能训练，基本理论的验证，元素及其化合物的性质和无机制备四部分内容。

在满足大纲要求的基础上，实验内容做到少而精，力求精简明了，突出重点；注重基本操作技能的训练。通过实验使学生正确地掌握无机化学基本实验操作技能，加强学生动手能力的培养。

另外，所选实验做到基本上配合课堂教学，加深学生对无机化学基本概念、基本理论和基本知识的理解，强化理论与实际的联系。并在此基础上，扩大学生的知识面，提高学生的学习兴趣。

为培养学生思考问题，解决问题的能力，每个实验都附有思考题，以便于学生抓住实验要点，同时引导学生总结实验。另外，还安排了一些自行设计实验方案的实验。此类实验只提出实验要求，并根据学生的水平，给出一些启发性的提示，促使学生开动脑筋，变被动学习为主动学习，积极地运用学过的无机化学知识和基本技能自己解决问题。训练学生独立分析和独立工作的能力，为以后的学习和工作打下坚实的基础。带"＊"号的实验是非基本要求内容，各校可自行选择。

本书以华南理工大学无机化学教研室的无机化学实验教学的实践为基础，进行选编和改进，并吸收了其他兄弟院校的宝贵经验，全书由古国榜、李朴编写。中山大学蔡少华仔细审阅了全书并提出许多宝贵的建议，在此表示衷心的感谢。华南理工大学无机化学教研室的老师和实验室工作人员，经过多年的教学实践，为本书的编写提供了大量的素材，因此，本书实为教研室集体劳动的结晶。

由于时间和编者水平有限，难免有缺点和疏漏，恳切地希望使用本书的广大师生给予批评指正。

编者

1998 年 1 月

第二版前言

本书是在 1998 年出版的《无机化学实验》（第一版）的基础上修订而成的。根据化学工业出版社的要求、使用者的建议及编者多年积累的教学经验，同时考虑到高职高专化学的教学特点，在第一版的基础上对实验的内容进行了如下修订。

(1) 为适应时代发展的需要，新增加了"电子天平"的内容，同时删去了"阳离子系统分析法"和"阴离子分别分析法"的内容。

(2) 在原有实验的基础上，新增了六个实验。为强化基本操作，增加了"氯化钠的提纯"；为进一步加强对化学基本理论的掌握和了解，增加了"电离平衡和沉淀反应"；为使学生了解分光光度计的使用，以及学习图解法对测量数据进行处理的方法，增加了"三价铁离子与磺基水杨酸配合物的组成和稳定常数的测定"；为加强学生查阅资料、分析问题、解决问题等综合能力及动手能力，增加了"硫酸铜的提纯"；为加强学生对化学理论的实际运用的了解，增加了"溶剂萃取法处理电镀厂含铬废水"、"金属的表面处理"。

(3) 将不同内容的实验进行分类编排，即分为"基本操作实验"、"基本原理实验"、"重要元素及化合物性质实验"和"综合及设计性实验"四大板块。

本实验教材共选编了 26 个实验，各院校可根据教学安排进行选择。

本书的编写得到了华南理工大学化学科学学院无机化学教研室各位教师和实验室工作人员的帮助，并提供了大量的实验素材。谨此致谢！

第一版的《无机化学实验》得到了许多使用本教材的院校的支持，并提出了不少宝贵的意见和建议，对第二版的修订起了重要的作用，在此一并表示衷心的感谢！

由于编者水平有限，缺点和疏漏在所难免，欢迎广大读者给予批评指正。

编者
2005 年 4 月

目　　录

无机化学实验须知

一、明确实验目的和掌握学习方法

无机化学是一门实践性很强的学科。无机化学实验的目的，就是使学生通过亲自动手做实验，对实验现象的观察和分析，进一步加深对无机化学基本概念和基本理论的理解，掌握无机化学实验的基本操作和技能。通过独立操作和对实验数据、实验结果的处理和总结，培养学生独立工作和独立思考的能力。同时还可以培养学生实事求是的科学态度，理论联系实际的科学方法以及准确、细致、整洁等良好的科学习惯，使学生具有较高的科学实验素质，为以后的学习和工作打下坚实的基础。

要学好无机化学实验应有正确的学习方法，它包括以下几个方面。

1. 预习

（1）认真阅读实验教材和参考资料中的有关内容。

（2）明确实验目的及有关的实验原理，了解实验内容、步骤、操作方法和注意事项。

（3）简明扼要地写好预习报告。

2. 实验

（1）认真正确地进行操作，细心观察实验现象，用已学过的知识判断、理解、分析和解决实验中所观察到的现象和所遇到的问题，培养分析问题和解决问题的能力。

（2）应及时、如实并有条理地记录实验现象及数据。

（3）遇到问题或实验结果与预测现象不符时，应查找原因，力争自己解决，在自己难以解决的情况下，请教指导教师。若实验失败，应找出原因，经指导教师同意，可重做。

（4）在实验过程中，应保持肃静，严格遵守实验室的工作规则。

（5）严格遵守实验室的各项规章制度，注意节约水电、药品和器材，爱护仪器和实验室各项设备。

3. 实验报告

实验报告包括如下内容。

（1）实验目的。

（2）实验原理。

（3）实验内容或步骤，可用简图、表格、化学式或符号表示。

（4）实验现象或数据记录。

（5）解释、结论或讨论、数据处理或计算。性质实验要写出反应方程式；制备实验应计算产率；测定实验应进行数据处理并将结果与理论值相比较，并分析产生误差的原因。

下面列举三种不同类型的实验报告格式供参考。

（一）"无机化学制备实验"报告的格式

实验名称：_____　实验五　氯化钠的提纯　_____

_____系_____专业_____班　　姓名_____合作者_____日期_____

实验目的：

（略）

实验原理：（简述）

（略）

简要实验步骤（可用框图）：

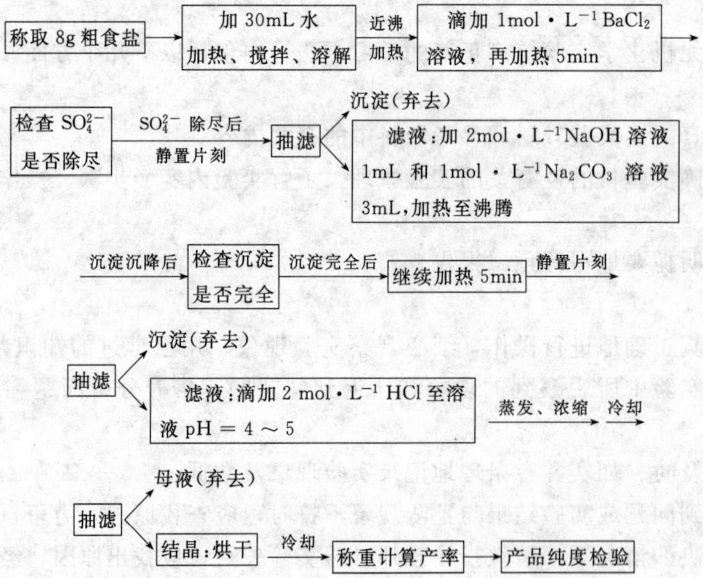

称取 8g 粗食盐 → 加 30mL 水 加热、搅拌、溶解 →（近沸加热）滴加 $1mol \cdot L^{-1} BaCl_2$ 溶液，再加热 5min →

检查 SO_4^{2-} 是否除尽 →（SO_4^{2-} 除尽后 静置片刻）抽滤 → 沉淀（弃去）／滤液：加 $2mol \cdot L^{-1} NaOH$ 溶液 1mL 和 $1mol \cdot L^{-1} Na_2CO_3$ 溶液 3mL,加热至沸腾

沉淀沉降后 → 检查沉淀是否完全 →（沉淀完全后）继续加热 5min → 静置片刻

抽滤 → 沉淀（弃去）／滤液：滴加 $2 mol \cdot L^{-1} HCl$ 至溶液 pH = 4 ~ 5 →（蒸发、浓缩）（冷却）

抽滤 → 母液（弃去）／结晶:烘干 →（冷却）称重计算产率 → 产品纯度检验

实验结果：

产品外观：_____

产　　量：_____

产　　率：_____

产品纯度检验：

溶液 ＼ 检验项目	SO_4^{2-}	Ca^{2+}	Mg^{2+}
粗盐			
精盐			

问题和讨论：

（略）

（二）"无机化学测定实验"报告的格式

实验名称：＿＿＿＿＿＿＿＿＿＿实验四　酸碱滴定＿＿＿＿＿＿＿＿＿＿

＿＿＿＿＿＿系＿＿＿＿＿专业＿＿＿＿＿班　　姓名＿＿＿＿＿日期＿＿＿＿＿

实验目的：

（略）

实验原理（简述）：

（略）

实验内容：

1. 氢氧化钠溶液浓度的标定

以待标定的 NaOH 溶液滴定草酸标准溶液，酚酞作指示剂，终点：由无色变为淡红色。做三次平行实验。

2. 盐酸溶液的标定

以待标定的 HCl 溶液滴定上面已标定的 NaOH 溶液，甲基橙作指示剂，终点：由黄色变为橙色。做三次平行实验。

数据记录和结果处理（可用表格）：

1. 氢氧化钠溶液浓度的标定

实验序号		Ⅰ	Ⅱ	Ⅲ
V(草酸)/mL				
c(草酸)/mol·L^{-1}				
V(NaOH)/mL	最后读数			
	最初读数			
	净用量			
c(NaOH)/mol·L^{-1}				
$c_{平均}$(NaOH)/mol·L^{-1}				
相对平均偏差/%				

2. 盐酸溶液的标定

实验序号		Ⅰ	Ⅱ	Ⅲ
V(NaOH)/mL				
c(NaOH)/mol·L^{-1}				
V(HCl)/mL	最后读数			
	最初读数			
	净用量			
c(HCl)/mol·L^{-1}				
$c_{平均}$(HCl)/mol·L^{-1}				
相对平均偏差/%				

问题和讨论（分析造成误差的主要原因等）：

（略）

（三）"元素与化合物性质实验"报告的格式

实验名称：_____实验八　电离平衡和沉淀反应_____

_____系_____专业_____班　　姓名_____日期_____

实验目的：

（略）

实验内容

1. 强电解质与弱电解质

溶液	$0.1mol \cdot L^{-1}$ NaOH	$0.1mol \cdot L^{-1}$ $NH_3 \cdot H_2O$	蒸馏水	$0.1mol \cdot L^{-1}$ H_2S	$0.1mol \cdot L^{-1}$ HAc	$0.1mol \cdot L^{-1}$ HCl
pH						
pH 从小至大						

2. 同离子效应和缓冲溶液

（1）同离子效应

实验内容	实验现象	解释和反应方程式
1mL $0.1mol \cdot L^{-1}$ HAc＋甲基橙		
1mL $0.1mol \cdot L^{-1}$ HAc＋甲基橙＋1mL $0.1mol \cdot L^{-1}$ NaAc		
5mL H_2O	pH：	
5mL H_2O＋1滴 $0.1mol \cdot L^{-1}$ HCl	pH：	
5mL H_2O＋1滴 $0.1mol \cdot L^{-1}$ NaOH	pH：	
A：1.5mL $2mol \cdot L^{-1}$ HAc＋1.5mL $2mol \cdot L^{-1}$ NaAc	pH：	
A＋1滴 $0.1mol \cdot L^{-1}$ HCl	pH：	
A＋1滴 $0.1mol \cdot L^{-1}$ NaOH	pH：	
小　结		

（2）缓冲溶液的配制（略）

3. 盐类的水解

（1）用 pH 试纸测定浓度为 $0.1mol \cdot L^{-1}$ 的下列各溶液的 pH

溶液	NaCl	NH_4Cl	Na_2S	NaAc	NH_4Ac	NaH_2PO_4	Na_2HPO_4
pH							

（2）NaAc 水解

实验内容	实验现象	解释和反应方程式
NaAc 固体＋H_2O＋酚酞		
NaAc＋ H_2O＋酚酞　加热		
小　结		

（3）BiCl₃ 水解

实验内容	实验现象	解释和反应方程式
B：BiCl₃ 固体＋ H₂O		
B＋6mol・L⁻¹HCl		
B＋6mol・L⁻¹HCl　稀释		
小　　结		

4. 沉淀的生成

实验内容	实验现象	解释和反应方程式
0.1mol・L⁻¹Pb(NO₃)₂＋0.1mol・L⁻¹ KI		
0.001mol・L⁻¹Pb(NO₃)₂＋0.001mol・L⁻¹KI		
小　　结		

5. 沉淀的溶解
（1）Mg(OH)₂ 的生成和溶解

实验内容	实验现象	解释和反应方程式
C：0.1mol・L⁻¹MgCl₂＋2mol・L⁻¹NH₃・H₂O		
C＋0.1mol・L⁻¹NH₄Cl		
小　　结		

（2）Ag₂O 的生成和溶解

实验内容	实验现象	解释和反应方程式
0.1mol・L⁻¹AgNO₃＋1 滴 0.1mol・L⁻¹NH₃・H₂O		
0.1mol・L⁻¹AgNO₃＋0.1mol・L⁻¹NH₃・H₂O(过量)		
小　　结		

6. 分步沉淀

实验内容	实验现象	解释和反应方程式
NaCl 和 K₂CrO₄ 混合溶液＋AgNO₃ 溶液		
小　　结		

7. 沉淀的转化

往离心管中加入 0.5mL NaCl 溶液和 7～8 滴 AgNO₃ 溶液，振荡离心管，观察反应产物的颜色和状态。离心分离，弃去清液，然后在沉淀中加数滴 Na₂S 溶液，观察反应产物的颜色有何变化，并加以解释。

实验内容	实验现象	解释和反应方程式
$0.1mol \cdot L^{-1}NaCl+0.1mol \cdot L^{-1}AgNO_3$		
沉淀$+1mol \cdot L^{-1}Na_2S$		
小　结		

二、遵守实验规则

（1）实验前应认真做预习，明确实验目的，了解实验内容及注意事项，写出预习报告。

（2）做好实验前的准备工作，清点仪器，如发现缺损，应报告指导教师，按规定手续向实验准备室补领。实验时仪器如有损坏，亦应按规定向实验准备室换领，并按规定进行适当的赔偿。未经老师同意，不得随意拿其他位置上的仪器。

（3）实验时保持肃静，集中思想，认真操作，仔细观察现象，如实记录，积极思考问题。

（4）实验时保持实验室和台面清洁整齐，火柴梗、废纸屑、废液、废金属屑应倒在指定的地方，不能随手乱扔，更不能倒在水槽中，以免水槽或下水道堵塞、腐蚀或发生意外。

（5）实验时要爱护国家财物，小心正确地使用仪器和设备，注意节约水、电和药品。实验药品应按规定取用，取用药品后，应立即盖上瓶塞，以免弄错，沾污药品。自瓶中取出的药品不能再倒回原试剂瓶中。放在指定地方的药品不得擅自拿走。

（6）实验完毕后将玻璃仪器清洗干净，放回原处整理好桌面，经指导教师批准后方可离开。

（7）每次实验后由学生轮流值日，负责整理公用药品、仪器，打扫实验室卫生，清理实验后废物；检查水、电、煤气开关是否已关闭，关好门窗等。

（8）实验室内的一切物品（包括仪器、药品、产物等）不得带离实验室。

三、注意安全操作和意外事故处理

1. 安全守则

（1）熟悉实验室环境，了解电源、煤气总阀，急救箱和消防用品的位置及使用方法。

（2）一切易燃、易爆物品的操作应远离火源。严禁用火焰或电炉等明火直接加热易燃液体。

（3）能产生有刺激性，有毒和有恶臭气味气体的实验，应在通风橱内或通风口处进行。

（4）严禁用手直接接触化学品。使用具有强腐蚀性的试剂，如强酸、强碱、强氧化剂等，应特别小心，防止溅在衣服、皮肤，尤其是眼睛上。稀释浓硫酸时，应将浓硫酸慢慢注入水中，并不断搅动，切勿将水倒入浓酸中，以免因局部过热，使浓硫酸溅出，引起灼伤。

（5）嗅瓶中气味时，鼻子不能直接对着瓶口，应用手把少量气体轻轻地扇向自己的鼻孔。

（6）加热试管时，不能将管口对着自己或他人。不要俯视正在加热的液体，以防被意外溅出的液体灼伤。

（7）严禁做未经教师允许的实验，或任意将药品混合，以免发生意外。

（8）不用湿手去接触电源。水、电、煤气用完后应立即将开关关闭。

（9）严禁在实验室内进食、吸烟。实验用品严禁入口。实验结束后，必须将手洗净。

2. 意外事故的处理

（1）**割伤**　伤处不能用水洗，应立即用药棉擦净伤口（若伤口内有玻璃碎片，应先挑出），涂上紫药水（或红药水、碘酒，但红药水和碘酒不能同时使用），再用止血贴或纱布包扎，如果伤口较大，应立即去医院医治。

（2）**烫伤**　可用1‰高锰酸钾溶液擦洗伤处，然后涂上医用凡士林或烫伤膏。

（3）**化学灼伤**　酸灼伤时，应立即用大量水冲洗，然后用3‰～5‰碳酸氢钠溶液（或稀氨水、肥皂水）冲洗、再用水冲洗。最后涂上医用凡士林。

碱灼伤时，应立即用大量的水冲洗，再依次用2‰醋酸溶液（或3‰硼酸溶液）冲洗、水冲洗，最后涂上医用凡士林。

（4）**不慎吸入有刺激性或有毒气体**（如氯、氯化氢）　可立即吸入少量酒精和乙醚的混合蒸气，若吸入硫化氢气体而感到头晕等不适时，应立即到室外呼吸新鲜空气。

（5）**触电**　立即切断电源，必要时进行人工呼吸。

（6）**起火**　立即熄灭火源，停止加热。小火可用湿布或沙子覆盖燃烧物，火势较大时用泡沫灭火器。油类、有机物的燃烧，切忌用水灭火。电器设备着火，应首先关闭电源，再用防火布、沙土、干粉等灭火。不能用水和泡沫灭火器，以免触电。实验人员衣服着火时，不可慌张跑动，否则加强气流流动，使燃烧加剧，而应尽快脱下衣服，或在地面打滚或跳入水池。

四、有效数字简介

1. 有效数字

在化学实验中，经常用仪器来测量某些物理量，对测量数据所选取的位数，以及在计算时，该选几位数字，都要受到所用仪器的精确度的限制。从仪器上能直接读出（包括最后的一位估计读数在内）的几位数字通常称为有效数字。任何超越或低于仪器精确度的有效数字位数的数字都是不正确的。

例如，20mL量筒的最小刻度为1mL，两刻度之间可估计出0.1mL，用量筒测量溶液体积时，最多只能取到小数点后第一位。如16.4mL，是三位有效数字。又如50mL滴定管的最小刻度是0.1mL，两刻度之间可估计到0.01mL。用滴定管测量溶液体积时，可取到小数点后第二位，如 16.42mL，是四位有效数字。

以上这些测量值中，最后一位（即估计读出的）为可疑数字，其余为准确数字。所有的准确数字和最后一位可疑数字都称为有效数字。任何一次直接测量，其数值都应记录到仪器刻度的最小估计数，即记录到第一位可疑数字。有效数字的位数可由下面几个数值来说明。

有效数字　　　　0.18　0.018　1.80　1.08

有效数字的位数　　2　　　2　　　3　　　3

从以上几个数字可看出，"0"只有在两个非零数字的中间或在小数点后的非零数字后面时，才是有效数字，如 1.08、1.80。当"0"在数字前面时，如 0.18、0.018，"0"只起定位作用，表示小数点的位置，并不是有效数字。

2. 有效数字的运算

（1）加减法　几个数据进行加减时，所得结果的有效数字的位数，应与各加减数中小数点后面位数最少者相同。

例如，18.2154、2.561、4.52、1.002 相加，其中 4.52 的小数点后的位数最少，只有两位，所以应以它为标准，其余几个数也应根据四舍五入法则保留到小数点后两位。

所以有：　　　　　　　$18.22+2.56+4.52+1.00=26.30$

（2）乘除法　几个数据进行乘除运算时，所得结果的有效数字的位数，应与各乘除数中有效数字位数最少的数相同，与小数点后的位数无关。例如：

$$34.64\times0.0123\times1.07892$$

其中 0.0123 的有效数字为三位，在几个相乘的数中有效数字最少，所以应以它为标准进行计算。即

$$34.6\times0.0123\times1.08=0.460$$

在计算的中间过程，可多保留一位有效数字，以避免多次的四舍五入造成误差的积累。最后的结果再舍去多余的数字。

（3）对数运算　在对数运算中，真数的有效数字的位数与对数的尾数的位数相同，与首数无关。因为首数只起定位作用，不是有效数字。

例如，pH＝4.80

$$c(H^+)=10^{-4.80}=1.6\times10^{-5}mol\cdot L^{-1}（取两位有效数字）$$

需要注意的是，由于电子计算器的普遍使用，在计算过程中，虽然不需要对每一计算过程的有效数字进行整理，但应注意在确定最后计算结果时，必须保留正确的有效数字的位数。因为测量结果的数值、计算的精确度均不能超过测量的精确度。

五、误差的概念

1. 准确度与误差

准确度是指测定值与真实值之间相差的程度，用"误差"表示。

误差愈小，表示测量结果的准确度愈高。反之，准确度就愈低。

误差又分为绝对误差和相对误差，其表现方法如下。

绝对误差是测量值与真实值（理论值）之间的差值。

$$绝对误差(E) = 测量值(x) - 真实值(T)$$

相对误差表示误差在测量结果中所占的百分率。测定结果的准确度常用相对误差来表示。

$$相对误差 = \frac{测量值(x) - 真实值(T)}{真实值(T)} \times 100\%$$

绝对误差和相对误差都有正值和负值。正值表示测量结果偏高，负值表示测量结果偏低。

2. 精密度与偏差

精密度是指在相同条件下多次测定的结果互相吻合的程度，表现了测定结果的再现性。精密度用"偏差"表示。偏差愈小说明测定结果的精密度愈高。

偏差分为绝对偏差和相对偏差。其表示方法如下：

$$绝对偏差(d) = 单次测量值(x) - 测量平均值(\overline{x})$$

$$相对偏差 = \frac{绝对偏差}{测量平均值} \times 100\%$$

即 $$相对偏差 = \frac{d}{x} \times 100\% = \frac{x - \overline{x}}{x} \times 100\%$$

绝对偏差是单次测定值与测量平均值的差值。相对偏差是绝对偏差在测量平均值中所占的百分率。绝对偏差和相对偏差都只是表示了单次测量结果对测量平均值的偏离程度。为了更好地说明精密度，在实验工作中常用平均偏差和相对平均偏差来衡量总测量结果的精密度。分别表示为：

$$平均偏差\ (\overline{d}) = \frac{|d_1| + |d_2| + |d_3| + \cdots + |d_n|}{n}$$

$$相对平均偏差 = \frac{\overline{d}}{x} \times 100\%$$

式中，n 为测定次数；$|d_n|$ 表示第 n 次测定结果的绝对偏差的绝对值。平均偏差和相对平均偏差不计正负。

3. 误差的种类及其产生的原因

（1）系统误差　这种误差是由于某种固定的原因造成的，例如方法误差（由测定方法本身引起的）、仪器误差（仪器本身不够精密）、试剂误差（试剂不够纯）、操作误差（正常操作情况下，操作者本身的原因）。这些情况产生的误差，在同一条件下重复测定时会重复出现。增加平行测定的次数，采取数理统计的方法不能消除系统误差。

系统误差可通过采用标准方法或标准样品进行对照实验、空白实验、校正仪器等方法进行修正。

（2）偶然误差　这是由于一些难以控制的某些偶然因素引起的误差，如测定时温度、气压的微小波动，仪器性能的微小变化，操作人员对各份试样处理时的微小差别等。由于引起的原因有偶然性，所以造成的误差是可变的，有时大有时小，有时是正值有时是负值。通过多次平行实验并取结果的平均值，可减少偶然误差。在消除了系统误差的情况下，平行测量的次数越多，测量结果的平均值越接近真实值。

除上述两类误差外，还有因工作疏忽、操作马虎而引起的过失误差，如试剂用错、刻度读错、砝码认错或计算错误等，均可引起很大的误差，这些都应力求避免。

4. 准确度与精密度的关系

系统误差是测量中误差的主要来源，它影响测定结果的准确度。偶然误差影响结果的精密度。测定结果准确度高，一定要精密度好，才能表明每次测定结果的再现性好。若精密度很差，说明测定结果不可靠，已失去衡量准确度的前提。

有时，测定结果精密度很好，说明它的偶然误差很小，但不一定准确度就很高。只有在消除了系统误差之后，才能做到精密度既好、准确度又高。因此，在评价测量结果的时候，必须将系统误差和偶然误差的影响结合起来考虑，以提高测定结果的准确性。

无机化学实验常用仪器

仪　器	种类和规格	用　途	注意事项
普通试管　离心试管	玻璃质。分硬质和软质。有普通试管和离心试管。普通试管又有翻口、平口；有刻度、无刻度；具塞、无塞等几种。离心试管也有有刻度和无刻度。有刻度试管和离心试管的规格以容量表示。无刻度试管的规格以管口外径（mm）×管长（mm）表示	用作少量试剂的反应容器，便于观察和操作。可收集少量气体。离心试管主要用于沉淀分离	普通试管可直接用火加热。硬质试管可加热至高温。加热时应使用试管夹夹持，同时注意扩大受热面积，防止暴沸及受热不均匀使试管破裂。加热后不能骤冷。离心试管只能在水浴中加热
试管架	有木质、铝质和塑料质等。有大小不同、形状不同的各种规格	盛放试管	避免试管骤冷或遇架上湿水使其破裂。避免腐蚀试管架
试管夹	有木制、塑料制或金属丝（钢或铜）制的。形状各不相同	加热试管时夹持试管	防止烧毁或锈蚀
1000mL　烧杯	玻璃质。分硬质和软质；一般型和高型；有刻度和无刻度等几种	用作大量反应物的反应容器，反应物易混合。也用作配制溶液时的容器和简易水浴的盛水器	所盛反应液体不能超过烧杯容积的2/3，防止搅拌时液体溅出或沸腾液体溢出。加热前擦干烧杯的外壁；加热时烧杯底部要垫石棉网。刚加热完不能直接放在实验台面上，应垫以石棉网

仪　器	种类和规格	用　途	注意事项
量筒　量杯	玻璃质。按刻度所标示的最大容积表示	用于量取一定体积的液体	不能加热。不能量取热的液体。不能用作反应容器。不能在其中配制溶液
容量瓶	玻璃质。规格以刻度所标的容积标度表示	用于配制准确浓度的溶液	不能加热。不能盛装热的液体。瓶与其磨口瓶塞应配套使用,不能互换
锥形瓶	玻璃质。规格以容量来表示	反应容器,振荡方便,适用于滴定操作	加热时应放在石棉网上,使受热均匀
称量瓶	玻璃质。分高型和矮型。规格以外径(mm)×瓶高(mm)表示	用于准确称取一定量的固体样品	不能直接用火加热。瓶与盖配套使用,不能互换
滴瓶　细口瓶　广口瓶	玻璃质。带磨口塞或滴管,有无色或棕色。规格以容量表示	滴瓶和细口瓶用于盛放液体药品。广口瓶用于盛放固体药品	不能直接加热。瓶塞不能互换。盛放碱液时应用橡皮塞,防止瓶塞被腐蚀粘牢。使用滴瓶时不要将液体吸入橡皮头内
药匙	由牛角或塑料制成。有长短各种规格	用于拿取固体药品。根据所取药量的多少选用药匙两端的大、小匙	不能用来量取热的药品。用后洗净、擦干备用

续表

仪　　器	种类和规格	用　　途	注　意　事　项
移液管　　吸量管	玻璃质。移液管为单刻度。吸量管有分刻度。规格以刻度最大标度表示	用于精确移取或量取一定体积的液体	不能加热。用后应洗净，置于吸管架（板）上，以免玷污
酸式滴定管　碱式滴定管	玻璃质。分酸式和碱式。管身颜色为无色或棕色。规格以刻度最大标度表示	用于滴定。或用于准确量取一定体积的液体。酸式滴定管可盛装酸性或氧化性溶液。碱式滴定管可盛装碱性或无氧化性溶液	不能加热。不能量取热的液体。不能用毛刷洗涤管的内壁。酸管和碱管不能互换使用。酸管和酸管的玻璃活塞配套使用，不能互换。棕色滴定管用于盛装见光易分解的液体
集气瓶	玻璃质。无塞，瓶口面磨砂，并有毛玻璃盖片。规格以容量表示	用于气体收集，或气体燃烧实验	进行固-气燃烧实验时，瓶底应放少量砂子或水
表面皿	玻璃质。规格以口径（mm）表示	盖在烧杯上，防止液体迸溅或作其他用途	不能直接用火加热
普通圆底烧瓶　　磨口圆底烧瓶	玻璃质。有普通型和标准磨口型。规格以容量表示。磨口圆底烧瓶还以磨口标号表示其口径的大小	用于反应物较多，且需长时间加热的反应时的反应器	加热时应放在石棉网上，或用适当的热浴加热。竖放在桌面上时，应垫以合适的器具，以防因滚动而打破烧瓶

仪　器	种类和规格	用　途	注　意　事　项
蒸发皿	有瓷、玻璃、石英或金属制品。规格以口径或容量表示	用于蒸发或浓缩液体。根据液体的性质不同选用不同质地的蒸发皿	能耐高温，但不宜骤冷。蒸发溶液时一般放在石棉网上，也可直接用火加热
坩埚	有瓷、石英、铁、镍、铂和玛瑙等制品。规格以容量表示	用于灼烧固体。根据固体的性质不同选用不同质地的坩埚	可直接灼烧至高温。灼热的坩埚应放在石棉网上
坩埚钳	金属(铁、铜)制品。有长短不一的各种规格	夹持坩埚加热，或往热源(煤气灯、电炉、马福炉)中取、放坩埚	使用前应先预热。用后钳尖朝上放在石棉网上
泥三角	用铁丝弯成，套以瓷管。有大小之分	用于灼烧坩埚时放置坩埚	铁丝已断裂的不能使用。灼热的泥三角不能放在桌面上
石棉网	由铁丝编成，中间涂有石棉。规格以铁网边长(mm)表示	加热时垫在受热仪器与热源之间，能使受热物体均匀受热	用前应检查石棉是否完好，石棉脱落的不能使用。不能与水接触或卷折
铁夹(烧瓶夹)　铁架台和铁环	铁制品。烧瓶夹也有铝或铜制成的	用于固定或放置反应容器。铁环和铁架台还可代替漏斗架使用	用前检查各旋钮是否可以旋动。使用时仪器的重心应处于铁架台底盘中部

续表

仪　　器	种类和规格	用　　途	注意事项
三脚架	铁制品。有大小、高低之分	用作仪器的支撑物,放置较大或较重的加热容器	
燃烧匙	铁或铜制品	检验物质的可燃性,进行固气燃烧实验	放入集气瓶时应由上而下慢慢放入,且不要触及瓶壁。硫黄、钾、钠燃烧实验,应在瓶底垫上少许石棉或砂子。用后应立即洗净匙头并干燥
研钵	用瓷、玻璃、玛瑙或金属制成。规格以口径(mm)表示	用于研磨固体物质或固体物质的混合。按固体物质的性质和硬度选用研钵	不能直接用火加热。研磨大块物质时不能舂碎,只能碾压。研磨物质的量不能超过研钵体积的1/3。不能研磨易爆物品
漏斗　长颈漏斗	玻璃质、塑料质或搪瓷质。规格以漏斗口径(mm)表示	用于过滤操作及倾注液体。长颈漏斗特别适用于定量分析中的过滤操作	不能直接用火加热
吸滤瓶和布氏漏斗	布氏漏斗为瓷质。规格以容量或漏斗口径表示。吸滤瓶为玻璃质。规格以容量表示	两者配套,用于无机制备中晶体或粗颗粒沉淀的减压过滤	不能直接用火加热
分液漏斗	玻璃质。规格以容量或形状(球形、梨形、筒形、锥形)表示	用于互不相溶的液体分离。也可用于少量气体发生器装置中加液	不能直接用火加热。玻璃活塞、磨口漏斗塞子与漏斗配套使用,不能互换。长期不用时磨口处要垫一张纸

仪 器	种类和规格	用 途	注 意 事 项
水浴锅	铜或铝制品	用于间接加热,也可用作粗略控温实验	加热时防止锅内水烧干,损坏锅体。用后应将水倒出,洗净擦干锅体,使其免受腐蚀
点滴板	透明玻璃、瓷质。瓷质分黑釉和白釉两种。按凹穴的多少分为四穴、六穴、十二穴等	用作同时进行多个不用分离的少量沉淀反应的容器。根据生成的沉淀及反应溶液的颜色选用黑、白或透明点滴板	不能加热。不能用于含氢氟酸溶液和浓碱液的反应
干燥器	玻璃质。分普通干燥器和真空干燥器。规格以上口内径(mm)表示	内放干燥剂。用于样品的干燥和保存	盖子磨口处要涂凡士林,小心盖子滑动而打破。灼烧过的样品应稍冷后才能放入,并在冷却的过程中每隔一定时间打开一下盖子,以调节干燥器内的压力
毛刷	以大小和用途表示	洗刷玻璃器皿	使用前检查顶部竖毛是否完整,避免顶端铁丝戳破玻璃仪器

第一部分 基本操作实验

实验一 基本操作

一、目的

1. 了解煤气灯或酒精喷灯的构造、原理和使用方法。
2. 学会玻璃管（棒）的截、拉、弯曲的基本操作。
3. 练习塞子的钻孔操作。

二、仪器原理及操作

1. 煤气灯

煤气灯是化学实验室中常用的加热器具之一，其火焰温度可达 1000℃ 左右（煤气的组成不同，火焰的温度会有所差异），煤气灯的构造如图 1-1 所示。它由灯管和灯座组成，两者以螺旋相连，另有煤气入口和空气入口。转动灯管能够完全关闭或不同程度地打开空气入口来调节空气的输入量，通过螺旋针可控制煤气输入量。

使用煤气灯时，先关闭空气入口（即将灯管旋至最低），擦燃火柴，打开煤气开关，点燃煤气。然后逐渐开大空气入口，使空气和煤气的比例适当，火焰正常为止。正常火焰为淡蓝色火焰，分为三层。如图 1-2（a）所示。最里面一层为焰心，空气与煤气进行混合，并未燃烧；中间一层为还原焰，煤气不完全燃烧，分解为含碳的产物，这部分火焰具有还原性；最外一层为氧化焰，煤气完全燃烧，由于含有过量的空气，这部分火焰具有氧化性。煤气的火焰中各部分温度的高低不同，氧化焰温度最高，还原焰次之，焰心温度最低。加热时，常用氧化焰。停止加热时，关闭煤气开关即可。

如果空气与煤气的比例不合适，则会产生不正常的火焰。当空气和煤气的进入量都大时，会产生"凌空火焰"，如图 1-2（b）所示；当煤气的进入量很小时，会产生"侵入火焰"，如图 1-2

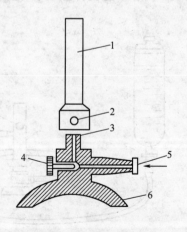

图 1-1 煤气灯的构造

1—灯管；2—空气入口；3—煤气
出口；4—螺旋针；5—煤气
入口；6—灯座

（c）所示。此时煤气在管内燃烧，并发出"嘶嘶"的响声。出现不正常火焰时，应立即关闭煤气开关，待灯管冷却后，重新点燃煤气灯。

(a) 正常火焰　　　　　(b) 凌空火焰　　　　　(c) 侵入火焰

图 1-2　各种火焰

1—氧化焰；2—还原焰；3—焰心

2. 酒精喷灯

　　如果实验室内无煤气，又需使用较高温度进行加热，则可选用酒精喷灯。酒精喷灯分挂式和座式两种，其构造如图 1-3 和图 1-4 所示。

　　挂式酒精喷灯是由金属喷灯和酒精贮罐两部分组成。使用时，先打开酒精罐下的开关，并在预热盘内注满酒精，用火柴点燃，以预热铜制灯管。当盘内酒精将近烧完时，打开灯上开关（左旋），因预热产生的酒精蒸气由此上升至灯管，与来自气孔的空气混合，用火柴点燃，调节开关螺钉位置就可控制火焰的大小。使用完毕时，先将酒精贮罐的开关关闭，然后关闭灯上开关（右旋），火焰则可熄灭。

　　点燃之前，灯管必须充分预热，否则酒精不能完全汽化，液体酒精会从管口喷出，形成"大雨"，甚至引起火灾。遇到这种情况，应立即关闭灯上开关，重新预热。

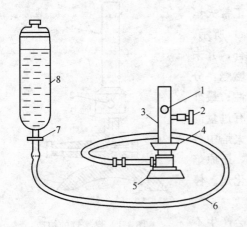

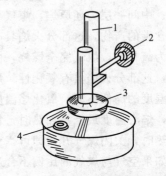

图 1-3　挂式酒精喷灯

1—气孔；2，7—开关；3—灯管；4—预热盘；
5—灯座；6—橡皮管；8—贮罐

图 1-4　座式酒精喷灯

1—灯管；2—空气调节器；
3—预热盘；4—酒精贮罐

座式酒精喷灯在使用前应先向酒精贮罐中注入酒精，加入量为贮罐容积的1/2～2/3，将盖拧紧，避免漏气。然后再在预热盘中注入酒精至近满，点燃盘内酒精，预热灯管。待盘内酒精快燃尽时，预热的灯管即行喷火。若遇两次预热灯管而不能喷火，则应检查原因，如酒精蒸气出口是否堵塞等，不可继续点火以免发生事故。通过调节空气调节器可控制火焰大小。使用完毕时，用盖板将灯焰盖灭。

座式酒精喷灯连续工作的时间不能超过 45min。若要超过 45min，则要先熄灭喷灯，待其冷却后添加酒精，重新预热点燃。

3. 玻璃操作

（1）玻璃管（棒）的截断和圆口　将玻璃管（棒）平放在桌子的边缘上，左手按住要切割处，右手用锉刀的棱边（或薄片小砂轮）在要切割的部位用力向前或向后锉一下。要求向一个方向锉，不要来回锉。锉出一道深而短的凹痕，然后双手持玻璃管（棒）切痕的背面，两手拇指向前一推，同时两手左右拉开，玻璃管（棒）即被截断，如图 1-5 所示。

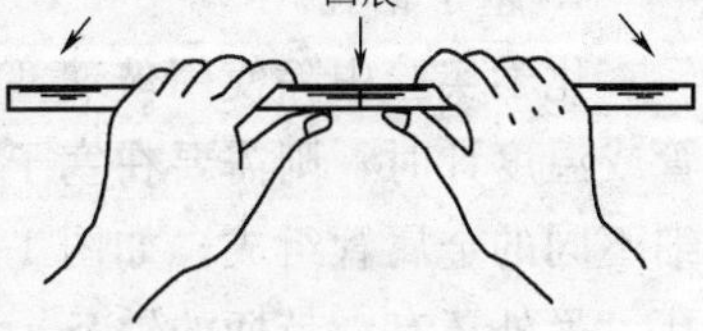

玻璃管（棒）的切割断面的边缘很锋利，容易割破皮肤、橡皮管或塞子，必须放在火焰中烧熔使之平滑，即圆口。圆口时，将玻璃管（棒）被切割的一端斜（约 45°角）插入氧化焰中加热，并不断转动玻璃管（棒），直至管口红热平滑为止。取出玻璃管（棒）放在石棉网上冷却（切不可直接放在实验台面上，以免烧坏台面）。

图 1-5　玻璃管（棒）的切割

（2）玻璃管（棒）的弯曲　弯曲玻璃管（棒）时，最好在灯管上罩上鱼尾灯头以扩大火焰，增加玻璃管（棒）的受热面积。操作时，先将玻璃管用小火预热一下，然后双手持玻璃管的两端，缓慢而均匀地转动玻璃管（棒），以免玻璃管（棒）在火焰中发生扭曲。加热到玻璃软化，将它稍离火焰，等一两秒，使各部位温度均匀后，两手慢慢将玻璃管（棒）弯曲。弯曲时，角度要慢慢从大到小，并在火焰上晃动玻璃管（棒），使火焰不时加热到玻璃加热弯曲部位的前后左右，要保持弯曲部位圆滑且不折曲，弯曲 120°以上角度可一次弯成。弯曲较小的角度可分几次弯成，先弯成较大角度，然后在前一次受热部位的稍偏左或稍偏右处进行第二次加热和弯曲，直到弯成所需的角度为止。

（3）玻璃管（棒）的拉制　拉制玻璃管（棒）时，加热方法与弯曲玻璃管时的方法基本一致，但加热时，灯管不需鱼尾灯头，且烧得要更软一些，待玻璃管（棒）烧到红黄色时才从火焰中取出，在同一水平面向左右边拉边来回转动玻璃管（棒），拉至所需细度时，一手持玻璃管（棒），使之垂直下垂片刻，冷却后，按所需长度将其截断。拉制方法如图 1-6 所示。

如需制作滴管，可在拉细的玻璃管中间处截断，将细的一端稍微烧一下进行圆口，粗的一端在火焰上加热至红热，然后垂直在石棉网上轻轻地按压一下，冷却后接上橡皮头，即成滴管。

图 1-6　玻璃管（棒）的拉制

如需制作带珠玻璃棒或玻璃匙，可将拉细的一端在中间处截断，使细的一端在火焰中加热熔化成玻璃球，即可做成带珠玻璃棒。当玻璃球大小合适时，在火焰上用钳子（预先预热过）快速将玻璃球压扁，并使之与玻璃棒成近 90°角，离开火焰、冷却，再将另一端圆口，即成玻璃匙。

4. 塞子钻孔

化学实验中除使用玻璃塞外，还用到橡皮塞或软木塞。当塞子内需插入玻璃导管或温度计时，则需要在塞子上钻孔。钻孔时，要使用钻孔器。钻孔器是由一组粗细不同的金属管组成，如图 1-7 所示。金属管上端有手柄，下端很锋利，可用来钻孔。另外还有一带柄的铁条，用来捅出留在金属管内的橡皮或软木。

钻孔时，选择一合适的钻孔器（钻橡皮塞，选一个比要插入的玻璃管略粗一点的钻孔器；钻软木塞时，先用压塞机压实后，选一个比要插入的玻璃管略细一点的钻孔器），在钻孔器锋利的一端涂上润滑油（或水、甘油），将塞子小头朝上，平放在台面上，左手按塞，右手握住钻孔器的手柄，在选定的位置上使钻孔器沿一个方向旋转同时用力向下压，如图 1-8 所示。钻到塞子厚度的一半时，将钻孔器反方向旋出，翻转塞子，对准原来的位置钻入，直到两端钻孔贯通为止。钻孔器内的橡皮或软木用铁条捅出。钻孔时，钻孔器必须和塞子的平面垂直，以免把孔钻斜。如钻孔稍小或不光滑，可用圆锉修理。

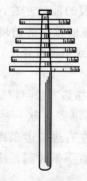

图 1-7　钻孔器

图 1-8　钻孔的方法

将玻璃管插入塞孔时，先用水或甘油润滑，左手持塞，右手握住玻璃管的上半部（为了安全可用布包裹），把玻璃管慢慢旋入塞孔，切不可用力过猛，或手离塞子太远，以免玻璃管折断弄伤手指。

三、仪器和材料

仪器：酒精喷灯（或煤气灯）、锉刀、石棉网、钳子、钻孔器。

材料：玻璃管、玻璃棒、橡皮塞。

四、实验内容

（1）截取玻璃棒两根，长度分别是 16cm 和 30cm，并圆口。16cm 长的玻璃棒可作为普通玻璃棒（做搅拌用）。30cm 长的玻璃棒在中央部位拉细后截断，制作带珠玻璃棒和玻璃匙各一支。

（2）截取长 20cm 的玻璃管三根，分别在 5cm 处弯成 120°、90°、60°的导气管。

（3）截取长 25cm 的玻璃管一根，在中央部位拉细，制作两支滴管。滴管的规格是从滴管滴出 20～25 滴水为 1mL。

（4）截取长 15cm 玻璃管一根并圆口。给橡皮塞打孔，孔的大小与所截玻璃管的外径相配。打好后，将玻璃管插入打好孔的塞子内。

五、思考题

1. 使用酒精喷灯或煤气灯，应注意哪些事项？
2. 玻璃操作中应如何防止割伤、烫伤？
3. 制作滴管、带珠玻璃棒、玻璃匙的要领是什么？
4. 怎样弯曲玻璃管？
5. 塞子钻孔时，如何选择钻孔器？如何正确操作？

实验二　天平的使用

一、目的

1. 了解天平的构造和称量原理。
2. 学习天平的正确使用方法。
3. 掌握台秤的使用方法。

二、仪器原理及操作

1. 台秤

台秤用于精确度不高的称量。最大载荷为 200g 的台秤，能称准至 0.1g 或 0.2g（即感量为 0.1g 或 0.2 g）；最大载荷为 500g 的台秤，能称准至 0.5g（即感量 0.5g）。

台秤的构造如图 2-1 所示。台秤的横梁架在底座上，横梁的左右各有一个托盘。横梁中部有指针与刻度盘。根据指针在刻度盘前摆动的情况，可看出台秤是否处于平衡状态。

称量前，先检查台秤的零点，即检查台秤未放物体时（此时游码应移至游码标

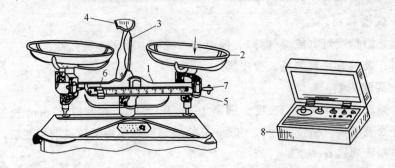

图 2-1 台秤

1—横梁；2—托盘；3—指针；4—刻度盘；5—游码标尺；6—游码；

7—调零螺母；8—砝码盒

尺左端刻度"0"处），指针在刻度盘上指示的位置。指针应指向刻度盘的中央，否则，应通过调零螺母调节。

称量时，台秤左盘放称量物，右盘放砝码。10g（或5g）以上砝码直接用镊子从砝码盒夹取，先加大砝码，再加小砝码，10g（或5g）以下砝码通过移动游码标尺上的游码来添加。最后指针的停点与零点重合时（偏差为一小格之内），标尺和游码的数值之和就是称量物的质量。

称量完毕，将砝码放回砝码盒，移动游码至游码标尺刻度"0"处，取下盘上的物品，将两只托盘放在一侧，以免横梁摆动受损。

称量时应注意：

（1）台秤不能称量热的物品；

（2）称量物不能直接放在托盘上，应根据情况放在称量纸、表面皿或其他容器中，潮湿或有腐蚀性的药品，必须放在玻璃容器中；

（3）砝码不能放在托盘或砝码盒以外的地方；

（4）应保持台秤清洁，托盘上若有药品或其他污物，应立即清除。

2. 分析天平

（1）分析天平的称量原理 分析天平是一种十分精确的称量仪器，可精确称量至0.0001g。常用的有阻尼天平、半自动电光分析天平、全自动电光分析天平、单盘天平、电子天平等。

分析天平称量的基本原理就是杠杆原理，如图2-2所示。在等臂天平中 $l_1 = l_2$，称量物放在左盘上（质量 m_1），砝码放在右盘上（质量为 m_2），达平衡时，根据杠杆原理有：

$$l_1 m_1 = l_2 m_2$$

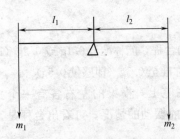

图 2-2 分析天平称量原理示意图

因为　　　　　　　$l_1 = l_2$

故　　　　　　　　$m_1 = m_2$

即砝码的质量等于称量物的质量。

（2）半自动电光分析天平　半自动电光分析天平的构造如图 2-3 所示。其主要部件是由铜合金制成的横梁。梁上装有三个三角棱形的玛瑙刀，中间的刀口向下，称为支点刀。工作时，它的刀刃与一个玛瑙水平板接触，是天平的支点。梁的两侧各有一个刀口向上的刀，支承着两个称盘，称为支承刀。当天平关闭时，旋转天平下部的旋钮，使托叶上升托起横梁，所有的刀口便都悬空，以减少玛瑙刀口的磨损。刀口的尖锐程度决定分析天平的灵敏度，因此保护刀口是十分重要的。

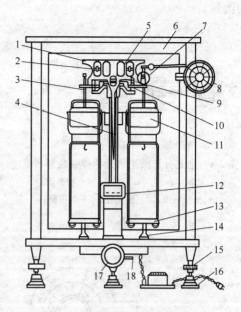

图 2-3　半自动电光分析天平的构造
1—横梁；2—平衡螺钉；3—吊耳；4—指针；
5—支点刀；6—框罩；7—圈码；8—指数盘；
9—支柱；10—托叶；11—阻尼筒；12—投影屏；
13—称盘；14—托盘；15—螺丝脚；16—垫脚；
17—旋钮；18—微动调节杆

横梁的两边装有两个平衡螺钉，用来调整梁的平衡位置（即调节零点）。

承重刀上面分别挂两个吊耳（镫），吊耳下面各挂一个称盘。为了使天平尽快静止下来，吊耳下面分别安装了由两个内外互相套合而又不接触的铝制圆筒组成的阻尼器。其外筒固定在立柱上，内筒挂在吊耳下面，利用空气阻尼作用，使天平很快达到平衡状态，停止摆动。

在天平梁的中下方有一根细长而垂直的指针，指针下端固定着一个透明的微分刻度尺。称量时，10mg 以下的质量就利用光学读数装置观察这个标尺的移动情况（即指针的倾斜程度）来确定。

电光分析天平的光学读数装置如图 2-4 所示。在转动旋钮开启天平的同时，天平下后方光源座中的小灯泡便立即亮了。灯光经聚光管透过微分刻度标尺再经放大、反射，刻度便在投影屏上显示出来。投影屏的中央有一条垂直的刻线，标尺投影与刻线的重合处即为天平的平衡位置。若电光天平的灵敏度和零点已经调好，放大后的刻度牌在投影屏上偏移标线一大格相当于 1mg，一小格相当于 0.1mg。所以在投影屏上可直接读出 0.1～10mg 的质量，如图 2-5 所示。

10mg 以上、1g 以下的质量，可使用自动加码装置。旋转圈码指数盘，即可增减圈码。指数盘分内外两层，内层由 10～90mg 组合，外层由 100～900mg 组合。天平达到平衡时，可由内外层对着天平方向的刻度线上读出圈码的质量。图 2-6（a）为未加圈码时，指数盘的读数。图 2-6（b）为加 810mg 圈码后，指数盘的读数。

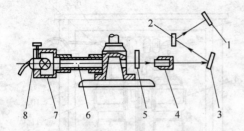

图 2-4　电光分析天平的光学读数装置示意
1—投影屏；2，3—反射镜；4—物镜筒；
5—微分标牌；6—聚光管；7—照明筒；
8—灯头座

图 2-5　投影屏标尺的读数

(a) 未加圈码

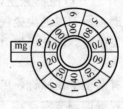

(b) 加圈码

图 2-6　圈码指数盘

　　1g 以上的质量可用添加砝码来称量，砝码可直接加在右盘上。每台天平都附有一盒砝码。如最大载重为 200g 的天平，每盒砝码由 100g、50g、20g、20g、10g、5g、2g、2g、1g 九个砝码组成。它们都按固定位置有规则地排放在盒内，不得随便放置。取砝码必须使用镊子。

　　为防止酸气、尘埃侵蚀天平，以及气流对天平称量的影响，天平装在一个玻璃框罩内。取放称量物和砝码时只开左右侧门，前面的门一般不打开。

　　天平只有处于水平位置才能称量。借助天平内的水平仪，调节框罩下前方的两个螺旋脚，可使天平处于水平状态。

　　半自动电光分析天平的使用方法如下。

　　① 检查水平状态。称量前，先检查天平是否处于水平状态，各个部件是否处于正常位置，并用软毛刷轻轻扫净称盘。

　　② 调节零点。零点是指天平在不载重的情况下（空载），停止摆动后（平衡状态）指针的位置。慢慢开启旋钮（应全部打开旋钮），观察天平不载重时投影屏上的标线是否与刻度牌的零点重合，如果不重合，可拨动旋钮附近的微动调节杆，移动投影屏使两者重合。如果移动后仍不重合，即表示天平力矩不相等；此时应调节天平梁上的平衡螺丝。

③ 称量。将称量物从左侧门放在左盘中央，并关上左侧门。估计称量物的大致质量（可在台秤上粗称），右手拿镊子从砝码盒内选取适当的砝码放入右盘中央，关好右侧门。缓慢开启旋钮，如果指针偏左，表示砝码过重；指针偏右，表示砝码太轻，关闭旋钮，根据轻重增减砝码。砝码要从大的加起。当变换到 1g 以下的砝码时，旋转圈码指数盘。用与加砝码相同的方法由大到小调节圈码，直到投影屏上的标线与标尺投影上某一读数重合为止。当光屏上标尺投影稳定后，可从标尺上读得 10mg 以下的质量。根据称盘中的砝码、圈码指数盘和投影屏上的读数，可得到称量物的质量。

称量完毕，关上旋钮托起天平。取出称量物和砝码，关上天平门，把指数盘转至零位，罩好天平，切断电源。

④ 分析天平使用规则。分析天平是精密仪器，为了保证天平的准确度和灵敏度不致降低，必须严格遵守以下规则。

a. 分析天平应放在干燥，不受阳光直射且不受腐蚀性气体和尘埃侵蚀的室内。天平箱内应保持干燥、清洁，应放置干燥剂，并定期更换。

b. 称量前，应检查天平是否水平，吊耳、圈码有否脱落，玻璃框罩内外是否清洁。

c. 在天平盘上取放物品和砝码时，一定要先关闭旋钮，将天平托起。如指针已摆出刻度牌以外，应立即托起天平，加减砝码后，再进行称量。转动旋钮，取放物品、砝码，开关天平门等一切动作都应小心轻缓，不可用力过猛。

d. 不要直接称量热的物品。热的物品应放在干燥器内冷却至室温后，再称量。

e. 产生腐蚀性气体或有吸湿性的试样，必须放在密闭的容器内称量。

f. 保持砝码洁净，要用镊子夹取砝码，决不能用手接触砝码。砝码只能放在称盘和砝码盒内。每个砝码在砝码盒内都有固定的位置，用完后应放回原处。

g. 转动圈码指数盘时，动作要轻而缓，以免圈码脱落或变位。

h. 称量完毕后，应检查天平梁是否已托起，天平门是否关好，砝码是否放回原处，指数盘是否已转回"0"位，电源是否已切断，最后用罩布将天平罩好，填写天平使用登记簿方可离开。

（3）电子天平　应用现代电子控制技术进行称量的天平称为电子天平。它是利用电磁力平衡原理对物体进行称量的。电子天平采用体积小的集成电路，其支撑点为弹簧片，不需要机械天平的玛瑙刀与刀承，取消了升降框的装置，以数字显示方式代替指针刻度式显示。因此，电子天平具有灵敏度高、性能稳定、寿命长、易于安装维护等优点，是一可靠性强，操作简便的称量仪器。BS 系列电子天平的称量范围为 0～210g，其外观结构如图 2-7 所示。电子天平的操作方法如下。

① 调水平。调整地脚螺栓高度，使水平仪内空气泡位于圆环中央。

② 开机。接通电源，按开关键 ON/OFF 直至全屏自检。

③ 预热。天平在初次接通电源或长时间断电后，至少需要预热 30min。为取

得理想的测量结果，天平应保持待机状态。

④ 校正。首次使用天平必须校正，按校正键 CAL ，天平将显示所需校正砝码质量，放上砝码直至出现"g"，校正结束，可进行正常称量。

⑤ 称量。如需去除器皿皮重，则先将器皿放在称盘上，待示值稳定后，按除皮键 TARE ，除皮清零。然后将需称样品放于器皿上，此时显示的数值为样品净重。

⑥ 关机。为使天平保持保温状态，延长天平使用寿命。应使天平保持通电状态，不使用时，将开关键关至待机状态。

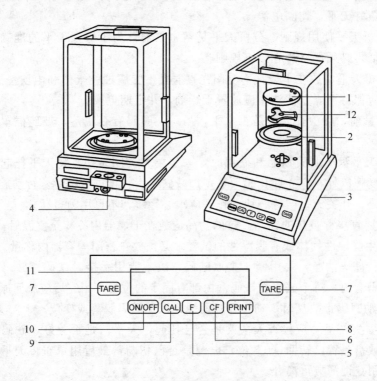

图 2-7 电子天平外形图

1—称盘；2—屏蔽环；3—地脚螺栓；4—水平仪；5—功能键；

6—清除键；7—除皮键；8—打印键；9—校正键；

10—开关键；11—显示器；12—称盘支架

3. **试样的称量方法**

（1）直接称量法 此法可用于称量在空气中无吸湿性的试样如金属或合金等。称量时将试样放在已知质量的洁净、干燥的表面皿或称量纸上，按照天平的使用方法进行称量。

（2）固定质量称量法 此法可用于称量没有吸湿性且在空气中稳定的试样。

　　用电光天平称量时，先准确称出器皿（如洁净、干燥的表面皿或称量纸）的质量，然后根据所需样品的质量，在右盘上放好砝码（器皿与试样质量的总和）。左手持盛试样的药匙在器皿的近上方以食指轻击药匙柄，让试样徐徐落入器皿中（如图 2-8 所示），直至达到指定的质量。称量完毕，应小心地将称好的试样全部转移到接受容器中，绝不能将试样掉落在秤盘和天平箱内。若有试样失落在接受容器以外，必须重新称量。掉在秤盘或天平箱内的试样要及时加以清除。

　　用电子天平称量时，将干燥洁净的表面皿或称量纸放在天平盘上，待示值稳定后，按除皮键 $\boxed{\text{TARE}}$ ，除皮清零。再手持盛试样的药匙按用"电光天平"称量时同样的方法将试样慢慢加入表面皿或称量纸上，直至显示屏上显示出所需的质量，关闭天平门，待显示稳定后记录所称试样的质量。

图 2-8　固定质量称量

　　（3）递减称量法（又称差减法）　若欲称量的试样易吸水，易氧化或易与 CO_2 反应，此时应采用递减称量法（差减法）进行称量。即在洗净、烘干后的称量瓶中，装入略超过实验用量的固体样品，用干净的纸条套住称量瓶，放到天平左盘中央，准确称得其质量，如图 2-9 所示。然后，再用纸条将称量瓶套住取出，在欲盛样品的容器上方，使称量瓶倾斜，用称量瓶盖轻轻敲瓶口的上部，使试样慢慢落入容器中。当倾出的试样接近所要称的质量时，慢慢将瓶口竖起，再用称量瓶盖轻敲瓶口上部，使黏附在瓶口上的试样落下，如图 2-10 所示。然后盖好瓶盖，将称量瓶放到天平上称量，前后两次称量之差，就是倒入容器中的样品质量。如倒出量太少，则按上述方法再倒一些。如倒出量超出所需范围，决不可将样品倒回称量瓶中，只能倒掉重新称量。

图 2-9　称量瓶

图 2-10　试样敲击的方法

三、仪器和药品

仪器：台秤、分析天平（或电子天平）、称量瓶、小烧杯。

药品：NaCl（固）。

材料：称量纸。

四、实验内容

1. 直接法称量

从指导老师处领取一洁净干燥的称量瓶，先在台秤上粗称。记录称量数据。然后再在天平上准确称量，记录称量数据，将结果报告老师。

2. 差减法称量

在上述已知质量的称量瓶中加入约 2g 固体 NaCl（用台秤粗称），再在天平上称出称量瓶和 NaCl 的总质量（m_1）。取一干净小烧杯，从称量瓶中敲出 0.9～1.0g NaCl 于小烧杯中，再准确称出余下的 NaCl 和称量瓶的总质量（m_2），记录称量数据。求出烧杯中 NaCl 的质量（m_3）。

3. 固定质量法称量

取一称量纸，准确称量后（若使用电子天平则在"除皮清零"后），将要称量的试样加到称量纸上。准确称取 0.2000g NaCl 固体。

五、思考题

1. 为了保护天平的玛瑙刀口，操作时应注意什么？

2. 用天平称量物品时，为什么要在左盘放称量物，右盘放砝码？

3. 下列情况对称量结果有无影响？

(1) 用手直接拿砝码。

(2) 未关闭天平门。

(3) 天平水平仪的气泡不在中心位置。

(4) 未调节零点。

附 试剂的取用方法

化学实验室中，一般将固体试剂装在广口瓶内，液体试剂装在细口瓶或滴瓶（也可以用带有滴管和橡皮塞的试剂瓶）中。见光易分解的试剂（如 $AgNO_3$、$KMnO_4$）应装在棕色的试剂瓶内。装碱液的瓶子不应使用玻璃塞，而应使用软木塞或橡皮塞。腐蚀玻璃的试剂（如氢氟酸、含氟盐）应保存在塑料瓶中。每一个试剂瓶上都贴有标签。上面标明试剂的名称、规格或浓度以及日期。

取用试剂时，不能用手接触化学药品，应根据用量取用。

一、液体试剂的取用

(1) 往试管中滴加溶液时，滴管不能触及所使用的容器器壁，以免玷污，如图 2-11 所示。滴管放回原滴瓶时，不要放错。不准用自己的滴管从试剂瓶中取药品。装有试剂的滴管不能平放或管口朝上斜放，以免试剂流到橡皮胶头内被玷污。

(2) 取用细口瓶中的液体试剂时，应将瓶塞倒置于台面上，拿试剂瓶时，瓶上的标签面向手心，如图 2-12 所示。倒出的试剂沿一紧贴器壁的干净玻璃棒流入容器或沿试管壁流下，以免洒在外面。取出所需量后，逐渐竖起瓶子。把瓶口剩余的一滴试剂碰到容器口或用玻璃棒引入烧杯中，以免液滴沿瓶子外壁流下。用完后应立即将瓶盖盖回原试剂瓶，注意不要盖错。已取出的、没有用完的剩余试剂，不能再倒回试剂瓶。可倒入指定容器或供他人使用。

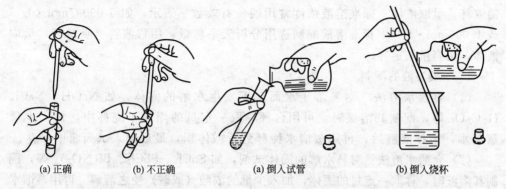

(a) 正确　　　(b) 不正确　　　　(a) 倒入试管　　　　　(b) 倒入烧杯

图 2-11　往试管中滴加溶液　　　　图 2-12　细口瓶中液体试剂的取用

（3）定量取用液体试剂时，可根据要求选用量筒、移液管（吸量管）或滴定管。若无须准确量取一定体积的试剂时，可不必使用上述度量仪器，只要学会估计从瓶内取用液体的量即可。如 1mL 液体相当于多少滴，2mL 液体相当于一个试管容量的几分之几等。

二、固体试剂的取用

（1）要用干净的药匙取试剂。最好每种试剂有专用的药匙，否则用过的药匙必须洗净，擦干后才能再使用。

（2）常用的塑料匙和牛角匙的两端分别为大小两个匙。取大量试剂用大匙，取小量试剂用小匙。多取的药品，不能倒回原瓶，应放在指定容器中或供他人使用。向试管中加入固体，若试管干燥可用药匙送入；若是湿的试管，可将试剂放在一张对折的干净纸条槽中，伸入试管内的 2/3 处，扶正试管，使固体试剂滑下。块状固体应沿试管内壁慢慢滑下。

（3）取出试剂后应立即盖紧瓶盖，注意不要盖错盖子。

（4）一般的固体试剂可以在干净的纸或表面皿上称量。具有腐蚀性或易潮解的固体不能放在纸上，而应放在玻璃容器内进行称量。

实验三　溶液的配制

一、目的

1. 掌握几种常用的配制溶液的方法。
2. 熟悉有关溶液浓度的计算。
3. 学习使用量筒、容量瓶和移液管。

二、溶液配制的基本方法

无机化学实验通常配制的溶液有一般溶液和标准溶液。一般溶液浓度常用一位有效数字表示，如 $0.1mol \cdot L^{-1}$ 或 $2mol \cdot L^{-1}$。一般溶液配制选用台秤称量，量筒（杯）量取液体。标准溶液浓度常用四位有效数字表示，如 $0.09037mol \cdot L^{-1}$ 或 $1.000mol \cdot L^{-1}$，标准溶液配制选用分析天平称量，用移液管（吸量管）量取液体，用容量瓶定容。

1. 一般溶液的配制

（1）直接水溶法　对易溶于水而又不发生水解的固体，如 NaOH、NaCl、$H_2C_2O_4$ 等，配制其溶液时，可用台秤称取一定量的固体于烧杯中，加入少量蒸馏水，搅拌溶解后，再用蒸馏水稀释到所需体积，最后倒入试剂瓶中保存。

（2）介质水溶法　对易水解的固体试剂，如 $SnCl_2$、$SbCl_3$、$Bi(NO_3)_3$ 等，配制其溶液时，称取一定的固体，加入少量的浓酸（或碱）使之溶解。再用蒸馏水稀释至所需体积，搅匀后转入试剂瓶。

在水中溶解度较小的固体试剂，先选用适当的溶剂溶解后，再稀释，搅匀转入试剂瓶中。如 I_2（固体），可先用 KI 水溶液溶解，再用水稀释。

（3）稀释法　对于液态试剂，如盐酸、硫酸、氨水等。在配制其稀溶液时，先用量筒量取所需量的浓溶液，然后用蒸馏水稀释至所需体积。但配制 H_2SO_4 溶液时要注意：应在不断搅拌的情况下缓慢地将浓硫酸倒入水中，切不可将水倒入浓硫酸中。

2. 标准溶液的配制

（1）直接法　该方法用于基准试剂的配制。用分析天平准确称取一定量的基准试剂于烧杯中，加入适量蒸馏水使之溶解，然后转入容量瓶，再用少量蒸馏水洗涤烧杯及玻璃棒上残留的试剂，洗涤液并入容量瓶中，如此重复洗涤两次，洗涤液均并入容量瓶中，最后用蒸馏水稀释至刻度，摇匀。注意：洗涤用水的量不能过多，以免溶液的体积超过容量瓶的标线。

（2）标定法　不符合基准试剂条件的物质，不能用直接法配制标准溶液，但可先配成近似于所需浓度的溶液。然后用基准试剂或已知准确浓度的标准溶液来标定。

（3）稀释法　当需要通过稀释去配制标准溶液的稀溶液时，可用移液管或吸量管准确吸取其浓溶液至适当的容量瓶中，用蒸馏水稀释至刻度，摇匀。

三、仪器和药品

仪器：分析天平、台秤、容量瓶（100mL、200mL）、吸量管（10mL）、滴瓶

药品：HCl（$2 \ mol \cdot L^{-1}$）、HAc（$1.000mol \cdot L^{-1}$）、$Na_2B_4O_7 \cdot 10H_2O$（A. R.，固）、NaOH（固）、NaCl（固）。

四、实验内容

1. 配制 $0.2mol \cdot L^{-1}$ HCl 溶液

用 2mol·L^{-1} HCl 配制 50mL 0.2mol·L^{-1} HCl 溶液。将配好的溶液倒入回收瓶中备用。记录 2mol·L^{-1} HCl 和蒸馏水的用量。

2. 配制 2mol·L^{-1} NaOH 溶液

用固体 NaOH 配制 50mL 2mol·L^{-1} NaOH 溶液。将配好的溶液倒入回收瓶中备用。记录 NaOH 固体和蒸馏水的用量。

3. 准确稀释 HAc 溶液

用移液管吸取 1.000mol·L^{-1} HAc 溶液 25.00mL，移入 100mL 容量瓶中，用蒸馏水稀释至刻度，摇匀。计算其准确浓度。

4. 配制 $Na_2B_4O_7$ 标准溶液

准确称取 3.8120～3.8130g $Na_2B_4O_7$·$10H_2O$ 晶体于烧杯中。加入少量蒸馏水使之完全溶解后，转移至 200mL 容量瓶中，再用洗瓶喷出少量蒸馏水淋洗净烧杯及玻璃棒数次，并将每次淋洗的水转入容量瓶中，最后以蒸馏水稀释至刻度，摇匀。计算其准确浓度。

注：

1. 基准物质硼砂（$Na_2B_4O_7$·$10H_2O$），相对分子质量 381.24，1mol 的硼砂可被 2mol 的一元酸完全中和用于标定酸的浓度。室温下贮于装有 NaCl 和蔗糖溶液的干燥器中。

2. 能用于直接配制标准溶液或标定溶液浓度的物质，称为基准试剂。它应具备以下条件：组成与化学式完全相符；纯度足够高；贮存稳定；参与反应时按反应式定量进行。

五、思考题

1. 用容量瓶配制溶液时，要不要先干燥容量瓶？

2. 用容量瓶配制标准溶液时，是否可以用量筒量取浓溶液？

附1　玻璃仪器的洗涤和干燥

一、玻璃仪器的洗涤

化学实验所用仪器必须洁净，根据实验要求不同，可采用以下几种方法洗涤。

1. 水洗

向玻璃仪器内加入约为其容积一半的自来水，振荡片刻，并选择适当大小的毛刷刷洗仪器的内壁，这样反复几次，至水倒出后仪器内壁不挂水珠为洗净。最后用少量蒸馏水冲洗两遍，用这种方法可洗去仪器中可溶性物质、吸附在仪器内壁上的尘土和某些易于脱落的不溶性物质。对于一般的试管反应、某些制备反应、仪器污染不严重时，水洗就能满足要求。

2. 去污粉或洗涤剂洗

当仪器内壁有油污时，必须用去污粉或洗涤剂来洗。先用少量自来水将仪器内壁润湿，加入少量去污粉或洗涤剂进行刷洗，再用自来水洗净，最后用蒸馏水洗 2～3 遍。

为了提高洗涤效率，可将洗涤剂配成 1‰～5‰ 的水溶液，加温浸泡要洗的玻璃仪器片刻后，再用毛刷刷洗。

3. 用铬酸洗液或王水洗涤

当对仪器的洁净程度要求较高，用上述方法仍不能洗净，或仪器的形状特殊（如口小、管细），或准确度较高的量器（如移液管、容量瓶和滴定管等），不便用毛刷刷洗时，可用铬酸洗液或王水洗涤。洗涤时先尽量控去容器中的水，然后注入少量的铬酸洗液或王水，倾斜仪器并慢慢转动，让仪器的内壁全部被洗液润湿。再转动仪器，洗液在内壁流动，使洗液与仪器内壁的污物充分作用，然后将洗液倒回原瓶（铬酸洗液可重复使用，用后倒回原瓶。当洗液的颜色由深棕变为绿色时，洗液失效，不可再使用）。对污染严重的仪器可用洗液浸泡一段时间，或用热的洗液洗涤。倾出洗液后，再用水刷洗或冲洗仪器。切不可将毛刷放入洗液中！

铬酸洗液具有强酸性和强氧化性，能够有效地去除有机物和油污。其配制方法为：取研细的重铬酸钾固体 20g，加入 40mL 热水，搅拌溶解，冷却后，再缓慢加入 360mL 浓硫酸（边加边搅拌），贮于玻塞玻璃瓶中备用。

铬酸洗液和王水都具有很强的腐蚀性，易灼伤皮肤、损坏衣物、毁坏实验台面，使用时要格外小心。若不慎将洗液溅在皮肤或衣物上，应立即用大量的水冲洗。由于 Cr(Ⅵ) 有毒，故洗液应尽量少用。另外，由于王水不稳定，使用王水时应现用现配。

4. 特殊污物的处理

处理特殊污物时，根据污物的性质，选择适当的试剂，将附在仪器内壁上的污物转化为可溶于水的物质而除去。如沉积的金属（Ag、Cu 等）可用热的硝酸除去；AgCl 沉淀可用氨水或 $Na_2S_2O_3$ 溶液溶解后洗涤；$KMnO_4$ 污垢可用草酸溶液浸泡洗涤；容器内壁黏附着的碘迹可用 KI 溶液浸泡，或用温热的稀 NaOH 溶液处理。

洁净的仪器内壁可被水完全润湿。检查玻璃仪器是否洗净，可将刚洗净的玻璃仪器倒转过来，水会顺着内壁流下形成一均匀的水膜，不挂水珠则表明洗净。

洗净的仪器不能用布或纸擦拭，否则内壁上沾上纤维反而会再次污染已洗净的仪器。

二、玻璃仪器的干燥

不同的实验对仪器的要求不同，有些实验需要使用干燥的仪器。洗净的仪器通常使用以下的方法进行干燥。

1. 晾干

不急用的、要求一般的仪器，可在洗净后，控去水分，倒置于无尘处（如实验柜内或仪器架上）使其自然干燥。

2. 烘干

将洗净的仪器倒置，尽量控去其中的水分，然后放在 105～120℃ 的烘箱（如图 3-1 所示）内烘干，或放在红外灯干燥箱内烘干。厚壁玻璃仪器烘干时，应使烘箱的温度慢慢上升，不能直接放入温度高的烘箱中。称量用的称量瓶在烘干后要放在干燥器中冷却和保存。带有塞子的仪器（例如，分液漏斗、滴液漏斗等），必须拔卜塞子和旋塞并擦去（或洗净）油脂后，才能放在烘箱中烘干。

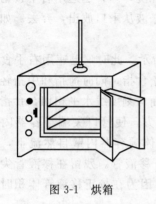

图 3-1　烘箱

图 3-2　烤干试管

3. 烤干

能够用于加热和耐高温的仪器，如试管、烧杯、蒸发皿等，可用烤干的方法使其干燥。加热前先将仪器的外壁擦干，烧杯、蒸发皿可放在石棉网上用小火烤干。烤干试管时，应先用试管夹夹住试管的上部，并使试管口朝下倾斜，以免水珠倒流炸裂试管。烤干时从试管的底部开始，慢慢移向管口，烤干水珠后再将试管口朝上，赶尽水汽。试管的烤干如图 3-2 所示。

4. 吹干

用电吹风机或气流干燥器将洗净的玻璃仪器（先尽量甩净仪器内残留的水分）吹干。一些急于干燥的仪器还可先用少量的易挥发的溶剂（如乙醇）润洗一下仪器的内壁，将淋洗液倒净（回收），擦干仪器的外壁，用电吹风机的冷风挡吹，当溶剂基本挥发完后，再用热风挡吹至仪器干燥，最后用冷风挡吹去残留的蒸气。用此法干燥仪器时要求在通气好、没有明火的环境中进行。

带有刻度的仪器，如吸量管、移液管、容量瓶、滴定管等不能使用加热的方法干燥，以免影响仪器的精度。

厚壁的瓷质仪器不能烤干，但可烘干。

附 2　移液管的使用

移液管用来准确地移取一定体积的液体。根据不同的需要，可选择容量不同的移液管。

　　移液管在使用前先用自来水洗净，然后用少量蒸馏水洗 2～3 次，洗净的移液管内壁应不挂水珠。如有水珠，说明有玷污，需用洗涤剂洗涤，或用王水洗液浸洗（不可用毛刷刷洗），再用自来水、蒸馏水洗涤。最后用待吸溶液润洗。

　　润洗移液管时，右手拇指和中指拿住移液管的上端，将移液管的尖端插入待取液体的液面以下 1cm 处。左手拿洗耳球，捏扁挤出空气，插入移液管上口，此时液体被缓缓吸入管中，待液面升到管肚 1/4 处，移开洗耳球，迅速用右手食指压紧上管口。然后持平并转动移液管，以润洗全管。洗涤液从下口放出，弃去。如此润洗 2～3 次后，可进行移液。

　　移液时，先将液体吸至刻度线以上，如图 3-3 所示。此时，迅速用右手食指紧按管口，将管提起，在所取溶液的液面之上稍微放松食指，同时拇指和中指轻轻转动移液管，使管内液面平稳下降，直至溶液的弯月面与刻度线水平相切，食指再次紧按上管口将移液管垂直移到要承接液体容器的上方，使管口尖端与容器内壁接触，让承接容器倾斜且移液管垂直，放松食指让液体顺容器内壁自然流下，如图 3-4 所示。液体流完后，稍待片刻（约 15s），再拿开移液管。残留在移液管尖端的少量液体不要吹出（除非移液管上注有"吹"字），因为在校正移液管体积时，未将这些液体计算在内。

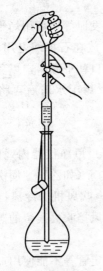

图 3-3　吸取液体

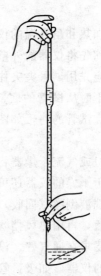

图 3-4　放出液体

附 3　容量瓶的使用

　　容量瓶是一个细颈梨形的平底瓶，带有磨口玻璃塞或塑料塞，颈上有标线，表示在所指温度（一般为 20℃）下，当液体充满至刻线时，其体积与瓶上所注明的容量相等。容量瓶是用来准确配制一定体积溶液的容器。

　　容量瓶在使用前应先检查瓶塞是否漏水。为此，瓶中放入自来水至标线附近，盖紧瓶塞，左手按住瓶塞，右手指尖握住瓶底边缘，倒立容量瓶 1～2min，如图 3-5 所示，观察瓶塞有无漏水现象（漏水的容量瓶不能使用）。为了避免在使用过程中容量瓶的瓶塞被沾污或张冠李戴，应用一线绳把瓶塞系在瓶颈上。

　　容量瓶在使用前应先按常规操作用自来水洗净（注意不能用毛刷刷洗容量瓶内壁），再用少量蒸馏水洗 2～3 次备用。配制水溶液时，容量瓶无须干燥可直接使用。

　　若用固体试剂配制溶液，应先把称好的固体试样在烧杯中溶解，然后再将溶液从烧杯转移到容量瓶中。转移时应注意，烧杯嘴应紧靠玻璃棒，玻璃棒下端靠瓶颈内壁，使溶液沿玻璃棒和内壁注入，如图 3-6 所示。溶液全部流完后，将烧杯沿玻璃棒轻轻向上提，同时直立，使附在玻璃棒和烧杯嘴之间的一滴溶液流回烧杯中。将玻璃棒放回烧杯，用少量蒸馏水洗涤烧杯和玻璃棒，洗涤液也转移到容量瓶中，如此重复洗涤 3 次，以保证溶质全部转移至容量瓶中。缓慢地加入蒸馏水，至接近标线处，等 1～2min，使沾附在瓶颈上的水流下，然后用洗瓶或滴管滴加蒸馏水至溶液的凹面与标线相切（加入时，用左手大拇指与食指夹住容量瓶标线上部的瓶颈，使视线平视标线，小心操作，勿过标线）。塞紧瓶塞，并用食指按住瓶塞，将容量瓶倒置，使气泡上升到顶端，振荡容量瓶，如图 3-7 所示。再倒过来，仍使气泡上升到顶端，重复操作多次，使瓶中溶液混合均匀。

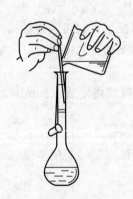
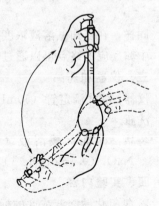

图 3-5　检查容量瓶　　　图 3-6　溶液从烧杯转移入　　　图 3-7　振荡容量瓶
　　　　是否漏水　　　　　　　　　容量瓶中

　　若固体是经过加热溶解的，溶液就必须冷却到室温后才能转入容量瓶中。

　　若要稀释浓溶液，则先用移液管吸取一定体积的浓溶液于容量瓶中，然后按上述方法稀释至标线，并振荡容量瓶，使瓶内溶液混合均匀。

实验四 酸 碱 滴 定

一、目的

1. 了解滴定法测定溶液浓度的原理。
2. 练习滴定操作，学习滴定管的使用方法。
3. 标定盐酸和氢氧化钠溶液的浓度。

二、原理

酸碱滴定是利用酸碱中和反应，测定酸溶液或碱溶液浓度的一种定量分析方法。

酸碱中和反应有如下关系：

$$\frac{c_酸 V_酸}{\nu_酸} = \frac{c_碱 V_碱}{\nu_碱}$$

式中，c、V、ν 分别为酸溶液或碱溶液的浓度、体积以及它们在化学反应式中相应的化学计量系数。例如，用草酸（$H_2C_2O_4$）标定 NaOH 的反应为：

$$H_2C_2O_4 + 2NaOH \longrightarrow Na_2C_2O_4 + 2H_2O$$

$$\nu(H_2C_2O_4) = 1 \qquad \nu(NaOH) = 2$$

如已知酸溶液的浓度 $c_酸$，取一定体积待标定的碱溶液 $V_碱$，通过酸碱滴定，可测得所用酸溶液的体积 $V_酸$，由下式可求得碱溶液的浓度 $c_碱$：

$$c_碱 = \frac{c_酸 V_酸}{V_碱} \times \frac{\nu_碱}{\nu_酸}$$

同样，在已知碱溶液浓度的情况下，也可通过酸碱滴定求得酸溶液浓度 $c_酸$。

中和反应的终点可以通过指示剂的变色来确定（见附录4）。

三、仪器和药品

仪器：酸式滴定管（50mL）、碱式滴定管（50mL）、洗耳球、滴定管架、锥形瓶、洗瓶。

药品：标准草酸溶液（$0.1000 mol \cdot L^{-1}$，实验室准备）、HCl（$0.1 mol \cdot L^{-1}$）、NaOH（$0.1 mol \cdot L^{-1}$）、酚酞（1%）、甲基橙（0.1%）。

四、实验内容

1. 氢氧化钠溶液浓度的标定

（1）用移液管吸取 25.00mL 草酸标准溶液于锥形瓶中，再加入 2 滴酚酞作指示剂，摇匀。

（2）将待标定的 NaOH 溶液装入已洗净的碱式滴定管内。除气泡，调整液面位置，记下初读数，然后进行滴定。溶液由无色变为淡红色（30s 不褪色）即为终点，读取碱液用量。再重复滴定两次。三次所用碱的体积相差小于 0.05mL，把数据记入表 4-1 中。

2. 盐酸溶液的标定

(1) 用移液管吸取 25.00mL 已标定的 NaOH 溶液于锥形瓶中，加入 2～3 滴甲基橙指示剂，摇匀。

(2) 在酸式滴定管内加入待标定的 HCl 溶液，除气泡，调整液面位置，记下初读数，然后进行滴定。溶液颜色由黄色变为橙色时即为终点，记下滴定管中液面的读数。再重复滴定两次。三次所用酸的体积相差小于 0.05mL。把数据记入表 4-2 中。

表 4-1 NaOH 溶液浓度的测定

实 验 序 号		Ⅰ	Ⅱ	Ⅲ
V(草酸)/mL				
c(草酸)/mol·L^{-1}				
V(NaOH)/mL	最后读数			
	最初读数			
	净用量			
c(NaOH)/mol·L^{-1}				
$c_{平均}$(NaOH)/mol·L^{-1}				
相对平均偏差/%				

表 4-2 HCl 溶液浓度的测定

实 验 序 号		Ⅰ	Ⅱ	Ⅲ
V(NaOH)/mL				
c(NaOH)/mol·L^{-1}				
V(HCl)/mL	最后读数			
	最初读数			
	净用量			
c(HCl)/mol·L^{-1}				
$c_{平均}$(HCl)/mol·L^{-1}				
相对平均偏差/%				

注：1. 碱滴定酸，使用酚酞作指示剂，至终点时酚酞变红，由于酚酞的变色范围是 pH 为 8.2～10.0 溶液略显碱性。到终点的溶液久放后，会吸收空气中的 CO_2。又使溶液呈微酸性，酚酞又变为无色。

2. 到滴定终点时，甲基橙由黄→橙。颜色转变不易判断，可用已达橙色的溶液进行对照。

五、思考题

1. 滴定管和移液管为什么要用待盛溶液润洗 2～3 遍？锥形瓶是否也要这样洗？

2. 为什么用碱滴定酸达终点后，放置一段时间后酚酞指示剂的颜色会消失？

3. 以下情况对实验结果有何影响?

(1) 滴定后,尖嘴外留有液滴;

(2) 滴定后,滴定管内壁挂有液滴;

(3) 滴定后,尖嘴处有气泡;

(4) 滴定过程中,往锥形瓶中加少量蒸馏水。

附 滴定管的使用

滴定管是能任意滴放液体、准确快速连续取液的量器,其容量有 50mL、25mL、10mL 等。刻度自上而下,每一大格为 1mL,一小格为 0.1mL。分酸式和碱式两种。管身可为棕色或无色。有的管身有白背蓝线以方便读数。

酸式滴定管的下端用玻璃旋塞控制溶液流速,开启旋塞溶液即自管内流出。碱式滴定管的下端用乳胶管与玻璃尖嘴相连,乳胶管内装有玻璃圆珠控制溶液流速,挤压玻璃珠,使溶液从玻璃珠与胶管间的缝隙流出。

(1) 检漏 滴定管使用前,先检查是否漏液。酸式滴定管如发现漏水或旋塞转动不灵活,可将旋塞取下,洗净并用滤纸将水吸干,同时用滤纸抹干塞槽。用玻璃棒挑起少量凡士林,分别在旋塞粗的一端和塞槽细的一端涂上薄薄一层,如图 4-1 所示。然后小心地将旋塞插入塞槽,沿同一方向转动旋塞,直到旋塞与塞槽接触处呈透明状为止。应注意,凡士林不能涂得太厚,否则易堵塞塞孔;若旋塞转动不灵活或旋塞上出现纹路,表示凡士林涂得不够。在遇到凡士林涂得太多或涂得不够两种情况时,都必须用滤纸把旋塞和塞槽擦干净,然后重新涂凡士林。涂好凡士林后,在旋塞末端套上橡皮圈,以防旋塞滑落。最后检查滴定管是否漏水。

碱式滴定管如有漏水或挤压吃力,应更换合适的玻璃珠或胶管。

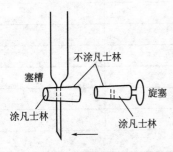

图 4-1 酸式滴定管
涂凡士林部位

(2) 洗涤 滴定管在使用前先用自来水洗净,洗净的滴定管内壁应不挂水珠。如有水珠,说明有玷污,需用洗涤剂洗涤,或用王水洗液浸洗(不可用毛刷刷洗),再用自来水冲洗干净,然后用少量蒸馏水洗 2～3 次。最后装入少量待用溶液至 5～10mL 处,双手掌心向上平持滴定管转动,以使待用溶液润湿全管,然后从下端放出,重复润洗 2～3 次。

(3) 装液与读数 将待装溶液装入滴定管中,至刻度"0.00"以上。排除下端的气泡。碱式滴定管排气泡时,把胶管向上弯曲。用两指挤压玻璃珠,使溶液从尖嘴喷出同时带出气体,如图 4-2 所示。酸式滴定管排气时,将其倾斜约 30°,迅速旋转旋塞使流速达到最大,气泡随溶液流出,如气泡不能一次排除,需重复操作。排除气泡后,调节液面于 0.00～1.00mL 刻度处,静置 1～2min,若液面位置不变则可读数并开始滴定。滴定结束后,稍等 1min 左右,再读数。前后两次读数之差即为滴定所用溶液体积数。

由于溶液的表面张力，在滴定管内的液面会形成下凹的弯月面。读数时，滴定管应垂直放置，可用右手拇指和食指拿住管身刻度以上位置，让其自然下垂，视线与液面保持水平，若所盛溶液为浅色或无色，可在管的背后衬一张白硬纸卡，然后读取与弯月面最低点相切的刻度，估读到小数点后第二位，如图 4-3 所示。如为深色溶液，视线应与液面两侧的最高点保持水平。

错误20.34

正确20.43

错误20.53

白卡片

图 4-2　碱式滴定管排气泡　　　　　　　图 4-3　读数

（4）滴定　滴定前先用滤纸将悬挂在管尖端处的液滴抹去，记下初读数，将管尖端伸入锥形瓶口内 1～2cm。操作酸式滴定管时，左手拇指在前，食指和中指在后，来控制旋塞，如图 4-4(a) 所示。手心握空，以防掌心顶出旋塞，造成漏液，慢慢开启旋塞，同时右手前三指拿住锥形瓶的瓶颈，边滴边摇（沿同一方向作圆周运动）。

操作碱式滴定管时左手仅用拇指和食指捏住胶管中玻璃珠的正中部处（谨防玻璃珠上、下滑动，造成气泡）轻轻地向外或向里捏压胶管，使玻璃珠与胶管间形成一条缝隙，溶液逐渐滴出，如图 4-4(b) 所示。

(a)酸滴入碱中　　　　　　(b)碱滴入酸中

图 4-4　滴定操作

开始滴定时，液滴流速可稍快，约每秒 3～4 滴，但不可成"线"放出。接近终点时，则要逐滴加入，滴落处局部颜色变化消失较慢时，应半滴半滴地加入，即控制液滴悬而不落，用锥形瓶的内壁把液滴沾下来，再用洗瓶内的蒸馏水冲洗锥形瓶的内壁，摇匀。如此反复操作，直到颜色变化刚好不再消失即为终点，记取读数。

滴定结束后，将管内溶液倒出，洗净，管口向下夹在滴定管架上，如管口向上，则要用滴定管罩或滤纸罩住滴定管的管口。

实验五　氯化钠的提纯

一、目的

1. 运用已经学过的化学知识，了解氯化钠提纯的原理和方法。
2. 练习加热溶解、减压过滤、蒸发浓缩、结晶等基本操作。
3. 掌握 Ca^{2+}、Mg^{2+}、SO_4^{2-} 的定性检验方法。

二、原理

粗食盐中主要含有不溶性杂质（如泥沙等）和可溶性杂质（主要是 Ca^{2+}、Mg^{2+}、K^+ 和 SO_4^{2-} 等）。不溶性杂质，可用溶解和过滤的方法除去。可溶性杂质要用下列方法除去：在粗食盐溶液中加入稍微过量的 $BaCl_2$ 溶液，将 SO_4^{2-} 转化为难溶解的 $BaSO_4$ 沉淀而除去：

$$Ba^{2+} + SO_4^{2-} \longrightarrow BaSO_4 \downarrow$$

再加入 $NaOH$ 和 Na_2CO_3 溶液，则使 Ca^{2+}、Mg^{2+} 以及沉淀 SO_4^{2-} 时加入的过量 Ba^{2+} 转化为难溶的 $CaCO_3$、$Mg(OH)_2$、$BaCO_3$ 沉淀，通过过滤的方法除去：

$$Ca^{2+} + CO_3^{2-} \longrightarrow CaCO_3 \downarrow$$
$$Mg^{2+} + 2OH^- \longrightarrow Mg(OH)_2 \downarrow$$
$$Ba^{2+} + CO_3^{2-} \longrightarrow BaCO_3 \downarrow$$

过量的 $NaOH$ 和 Na_2CO_3 可以用盐酸中和除去。

少量可溶性的杂质（如 KCl）由于含量较少，在蒸发浓缩和结晶过程中仍留在溶液中不会和 NaCl 同时结晶析出。

三、仪器、药品和材料

仪器：台秤、烧杯（150mL）、量筒（10mL、50mL）、酒精灯、试管、普通漏斗、漏斗架、布氏漏斗、吸滤瓶、蒸发皿、石棉网、三脚架。

药品：HCl（$2mol \cdot L^{-1}$）、NaOH（$2mol \cdot L^{-1}$）、$BaCl_2$（$1mol \cdot L^{-1}$）、Na_2CO_3（$1mol \cdot L^{-1}$）、$(NH_4)_2C_2O_4$（$0.5mol \cdot L^{-1}$）、粗食盐、镁试剂 I 。

材料：pH 试纸、滤纸。

四、实验步骤

1. 粗食盐溶解

称取 8g 粗食盐于小烧杯中，加入约 30mL 水，边加热边搅拌使其溶解。

2. 去除 SO_4^{2-}

加热至溶液沸腾，边搅拌边滴加 $1mol \cdot L^{-1}$ $BaCl_2$溶液至沉淀完全（将烧杯从石棉网上取下，待沉淀沉降后，在上层清液中加入 1～2 滴 $BaCl_2$ 溶液，观察澄清液中是否还有混浊现象。如果无混浊，说明 SO_4^{2-} 已完全沉淀；如果仍有混浊，则需继续滴加 $BaCl_2$ 溶液，直至上层清液在加入一滴 $BaCl_2$ 后，不再产生混浊现象为止）。沉淀完全后，继续加热 5min，以使沉淀颗粒长大而易于沉降，静置片刻，过滤。

3. 去除 Ca^{2+}、Mg^{2+} 以及过量的 Ba^{2+}

① 在滤液中加入 1mL $2mol \cdot L^{-1}$ NaOH 和 3mL $1mol \cdot L^{-1}$ Na_2CO_3 加热至沸，待沉淀沉降后，于上层清液中滴加 $1mol \cdot L^{-1}$ Na_2CO_3 溶液至不再产生白色混浊现象为止。继续加热 5min，静置片刻，过滤。

② 在滤液中逐滴加入 $2mol \cdot L^{-1}$ HCl，并用玻璃棒沾取滤液在 pH 试纸上试验，直至溶液呈微酸性为止（pH≈4～5）。

4. 蒸发、结晶

将溶液倒入蒸发皿中，用小火加热蒸发、浓缩，并不断搅拌至稠液状为止（切不可将溶液蒸发至干）。

冷却后，抽滤。将抽干的结晶放在蒸发皿中，在石棉网上用小火加热干燥。冷却至室温，称重，计算产率。

5. 产品纯度的检验

取粗盐和提纯后的食盐各 1g 左右，分别用 5mL 蒸馏水溶解，然后各盛于三支试管中，组成三组，对照检验它们的纯度。

(1) SO_4^{2-} 的检验　在第一组溶液中分别加入 2 滴 $1mol \cdot L^{-1}$ $BaCl_2$ 溶液，比较沉淀产生的情况，在提纯的食盐溶液中应无白色 $BaSO_4$ 沉淀产生。

(2) Ca^{2+} 的检验　在第二组溶液中各加入 2 滴 $0.5mol \cdot L^{-1}$ 草酸铵 $[(NH_4)_2C_2O_4]$ 溶液，在提纯的食盐溶液中应无白色 CaC_2O_4 沉淀产生。

(3) Mg^{2+} 的检验　在第三组溶液中各加入 2～3 滴 $2mol \cdot L^{-1}$ NaOH 溶液，使溶液呈碱性（用 pH 试纸试验），再各加入 2～3 滴镁试剂Ⅰ，在提纯的食盐溶液中应无天蓝色沉淀产生。

镁试剂Ⅰ是一种有机染料，它在酸性溶液中呈黄色，在碱性溶液中呈红色或紫色，但被 $Mg(OH)_2$ 沉淀吸附后，则呈天蓝色，因此可以用来检验 Mg^{2+} 的存在。

五、思考题

1. 怎样除去粗食盐中的杂质 Mg^{2+}、Ca^{2+}、K^+、SO_4^{2-} 等离子？

2. 怎样除去过量的沉淀剂 $BaCl_2$、NaOH 和 Na_2CO_3？

3. 提纯后的食盐溶液浓缩时为什么不能蒸干？

4. 怎样检验提纯后食盐的纯度？

附1 加热的方法

实验室常用的加热设备有煤气灯、酒精喷灯、电炉等。此外还用水浴、油浴、砂浴等进行间接加热。实验中常用来加热的玻璃器皿有试管、烧杯、烧瓶、锥形瓶、蒸发皿、坩埚等。离心试管、表面皿、吸滤瓶等不能作为直接加热的容器。

1. 直接加热

(1) 直接加热试管中的液体或固体　试管加热时，被加热的液体量不能超过试管高度的1/3。加热前，应先擦干试管外壁。加热液体时，用试管夹夹住试管的中上部（距试管口约1/3处），试管稍倾斜，如图5-1所示。管口切勿对着自己或别人。先加热液体的中上部，再慢慢往下移动，并不断上下移动或振摇试管，使各部分溶液受热均匀，防止局部沸腾而发生喷溅。

直接加热试管中的固体时，使固体试剂尽可能平铺在试管的末端，将试管固定在铁架台上，试管口稍向下倾斜，略低于管口，如图5-2所示。以免凝结在试管壁上端的水珠往下流到灼热部位，使试管炸裂。加热时，先加热固体中下部，再慢慢移动火焰，使各部分受热均匀，最后将火焰固定在试管中固体下部加热。

(2) 加热烧杯、烧瓶中的液体　烧杯中所盛液体不超过其容积的1/2，烧瓶则不超过1/3。加热前应将容器外部擦干，再放在石棉网上，如图5-3所示。使其受热均匀，以免炸裂。

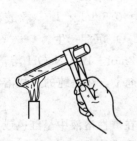
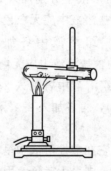
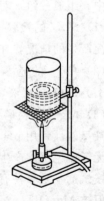

图5-1　加热试管中的液体　　　图5-2　加热试管中的固体　　　图5-3　加热烧杯中的液体

(3) 固体物质的灼烧　灼烧可使固体物质通过高温加热脱水、分解或除去挥发性杂质。灼烧要在坩埚、瓷舟等耐高温的器皿中进行。灼烧时，先将固体放在坩埚中用低温烘烧，然后用火焰的氧化焰加热。如图5-4所示。

2. 间接加热

（1）水浴加热 当要求被加热物质受热均匀，温度恒定且不超过 100℃时，使用水浴加热。水浴加热时，可使用水浴锅，如图 5-5(a) 所示。锅中水量不超过容积的 2/3。在水浴锅上放置一套铜（或铝）质制成的大小不等的同心圆圈，以承受各种器皿。将要加热的器皿浸入水中，进行加热。加热过程中要随时补充水，避免将锅烧干。实验中为方便起见，加热试管常用烧杯代替水浴锅，如图 5-5(b) 所示。

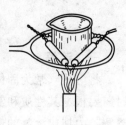

图 5-4 灼烧坩埚

(a) 水浴锅水浴加热 　　　　　(b) 烧杯水浴加热

图 5-5 水浴加热

实验室也常使用电热恒温水浴进行间接加热，如图 5-6 所示。它是内外双层箱式加热设备，电热丝安装在槽底部。槽的盖板上按不同规格开有一定数目的孔（常见有 2 孔、4 孔、6 孔、8 孔，以单列或双列排列），每孔都配有几个同心圆圈和盖子，可放置大小不同的被加热的仪器。使用前，要向水浴锅内加水，加水量不超过内锅容积的 2/3，使用的过程中要注意补充加水，避免将锅烧干。完成实验后，锅内的水可从水箱下侧的放水阀放出。使用电热恒温水浴要特别注意不要将水溅到电器盒内，以免引起漏电造成危险。

（2）油浴或砂浴 当被加热物质要求受热均匀而温度高于 100℃时，可使用油浴或砂浴。油浴是以油代替水，使用时应防止着火。常用的油有甘油（150℃以下的加热）、液体石蜡（200℃以下的加热）等。

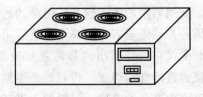 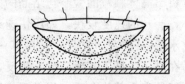

图 5-6 电热恒温水浴 　　　　　图 5-7 砂浴加热

砂浴是用清洁、干燥的细砂铺在铁制器皿中，用灯焰或电炉加热，被加热容器部分埋入沙中，如图 5-7 所示。需要测量温度时，可将温度计的水银球埋在靠近器皿处的砂中。

附 2　溶解、蒸发和结晶

一、溶解

将溶质（常为固体物质）溶于水、酸或碱等溶剂的过程为溶解。溶解固体物质时需要根据其性质和实验的要求选择适当的溶剂，所加溶剂的量应使固体物质完全溶解。为加快溶解的速度，常需借助加热、搅拌等方法。

搅拌液体时，应手持玻璃棒并转动手腕，用微力使玻璃棒在容器中部的液体中均匀转动，让固体与溶剂充分接触而溶解。在搅拌时不可用玻璃棒沿容器壁划动，更不可用力过猛，大力搅动液体，甚至使液体溅出或戳破容器。

若需加热溶解，可根据被溶解物质的热稳定性，选择直接加热或间接加热的方法。

二、蒸发

当溶液很稀而所制备的无机物的溶解度又较大时，为了能从溶液中析出该物质的晶体，必须通过加热，使溶液浓缩到一定程度后，经冷却，方可析出晶体。当物质的溶解度较大时，要蒸发到溶液表面出现晶膜才停止加热；当物质的溶解度较小或高温下溶解度大而室温下溶解度小时，不必蒸发到液面出现晶膜就可冷却。蒸发通常在蒸发皿中进行，这样蒸发的面积大，有利于快速浓缩。蒸发皿中所盛的液体不要超过其容积的 2/3。若无机物是稳定的，可以直接加热，否则应用水浴间接加热。

三、结晶

当溶液蒸发到一定浓度后冷却，此时溶质超过其在溶剂中的溶解度，晶体即从溶液中析出。

当溶液蒸发到一定浓度后经冷却仍无结晶析出，可采用下列办法：

（1）用玻璃棒摩擦容器内壁；

（2）投入一小粒晶体（即"晶种"）；

（3）用冰水浴冷却溶液，当晶体开始析出后，仍然使溶液保持静止状态。

析出晶体颗粒的大小与结晶的条件有关。如果溶液的浓度较高，溶质的溶解度较小，冷却的速度较快，如用快速结晶法（即蒸发浓缩至表面有晶膜，然后用冷水或冰水浴强制冷却），且一边冷却一边不停地搅拌，这样析出的晶体颗粒较细小，不易在晶体中裹入其他杂质。相反，若将溶液慢慢冷却或静置，得到的晶体颗粒较大，但易裹入其他杂质。如果不是需要在纯溶液中制备大晶体，一般的无机制备中为提高纯度通常要求制得的晶体不要过于粗大。

如果第一次结晶所得物质的纯度不符合要求，可重新加入少量的溶剂，加热溶解，然后进行蒸发、结晶、分离，这种操作过程称为重结晶。重结晶是提纯固体物质常用的重要方法。它只适用于物质的溶解度随温度变化较大的物质。

附 3 固、液分离及沉淀的洗涤

固、液分离的方法有倾析法、过滤法和离心分离法。

一、倾析法

为了使过滤操作进行得较快，当沉淀的结晶颗粒较大，静置后容易沉降时，常采用倾析法进行分离。其方法如下：分离前，先让沉淀尽量沉降在容器的底部；分离时，不要搅动沉淀，将沉淀上面的清液小心地倾入另一容器内，即可将沉淀与溶液分离。如图 5-8 所示。

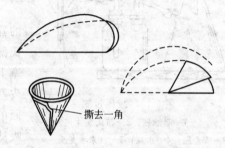

撕去一角

图 5-8 倾析法分离沉淀　　　　　　　　图 5-9 滤纸的折叠

有时为了充分地洗涤沉淀，可采用倾析法洗涤，即往盛有沉淀的容器中加入少量洗涤剂经充分搅拌后静置，沉降，再小心地倾析出洗涤液。如此重复操作三遍，即可洗净沉淀。

二、常压过滤

过滤前，先把滤纸按如图 5-9 所示的虚线的方向折两次成扇形（如不是圆形滤纸则需剪成扇形），展开滤纸成圆锥体（一边为三层，另一边为一层），放入漏斗中。滤纸放入漏斗后，其边缘应略低于漏斗的边缘。

漏斗的角度应为 60°，这样滤纸可完全贴在漏斗壁上。如果漏斗的规格不标准，不是 60°，则应适当改变滤纸折叠的角度，使之与漏斗相密合。然后撕去一角用食指按着滤纸，用少量水润湿，轻压滤纸四周，赶去纸和壁之间的气泡，使滤纸紧贴在漏斗壁上，再向漏斗内注入蒸馏水至近滤纸边缘。此时在漏斗颈可形成水柱，即使滤纸上部分水流尽之后，漏斗颈内的水柱仍可保留。然后进行过滤操作，漏斗颈内可充满滤液，使过滤加速。倒滤液时，烧杯嘴靠着玻璃棒，玻璃棒下端靠着漏斗中滤纸的三层部分，倒入漏斗中的液体的液面应低于滤纸边缘约 1cm，切勿超过，如图 5-10 所示。溶液滤完后，用洗瓶冲洗原烧杯内壁和玻璃棒，

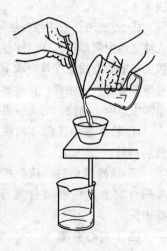

图 5-10 常压过滤

洗涤液全部倒在漏斗中，待洗涤液滤完后，再用洗瓶冲洗滤纸和沉淀。

三、减压过滤（抽滤）

为了加快过滤的速度，常用减压过滤，如图 5-11 所示。水泵一般装在实验室中的自来水龙头上。

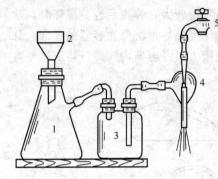

图 5-11　减压过滤

1—吸滤瓶；2—布氏漏斗；

3—安全瓶；4—水泵；5—自来水龙头

减压过滤的原理是利用水泵把吸滤瓶中的空气抽出，使吸滤瓶内呈负压，由于瓶内和布氏漏斗液面上的压力差，而使过滤的速度大大加快。

布氏漏斗是瓷质的，中间为具有许多小孔的瓷板，以便使溶液通过滤纸从小孔流出。布氏漏斗必须安装在与吸滤瓶口径相匹配的橡皮塞上。橡皮塞塞进吸滤瓶的部分不超过整个橡皮塞高度的 1/2，吸滤瓶用来承接滤液。安全瓶的作用是防止水泵中的水发生外溢而倒灌入吸滤瓶中。这是由于水泵中的水压在发生变动时，常会有水溢流出来。如发生这种情况时，可将吸滤瓶与安全瓶拆开，倒出安全瓶中的水，再重新把它们连接起来。如果不要滤液，也可不装安全瓶。

抽滤操作的步骤如下。

① 安装仪器。安全瓶的长管接水泵，短管接吸滤瓶。布氏漏斗的颈口应与吸滤瓶的支管相对，便于吸滤。

② 贴好滤纸。滤纸的直径应略小于布氏漏斗的内径，但要能盖住瓷板上的小孔。把滤纸放在漏斗内，先用少量蒸馏水润湿滤纸，再开启水泵，使滤纸紧贴在瓷板上。

③ 过滤时，采用倾析法，先将澄清的溶液沿玻璃棒倒入漏斗中，然后再将沉淀移入滤纸的中间部位。在过滤过程中，留心观察，当滤液快上升到吸滤瓶的支管处，立即拔去吸滤瓶上的胶皮管，取下漏斗，将吸滤瓶的支管朝上倒出滤液。重新安装好装置，可继续吸滤。应注意，在过滤的过程中切勿突然关小或关闭水泵，以防自来水倒流。如果需中途停止抽滤，可先拔去吸滤瓶支管上的胶皮管，再关水泵。

④ 若要在布氏漏斗内洗涤沉淀时，应停止吸滤，让少量洗涤液慢慢浸过沉淀，然后再抽滤。

⑤ 抽滤结束时，应先拔去吸滤瓶上的胶皮管，再关闭水泵。取下漏斗，将漏斗颈口朝上，轻轻敲打漏斗的边缘，使沉淀脱离漏斗，落入准备好的滤纸或容器中。

四、离心分离

少量沉淀与溶液分离时，可用离心机。离心机的外形如图 5-12 所示。

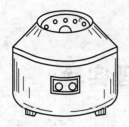

图 5-12　离心机

图 5-13　用吸管吸去上层清液

使用离心机时应注意以下几点。

① 把盛有溶液和沉淀混合物的离心试管放入离心机的试管套内（常为金属或塑料质的），注意试管放置要对称，各离心管及其盛装物要等重，以避免由于重量不平衡而使离心机"走动"或轴弯曲磨损。若只有一支装有待分离物的试管，则应在其对称位置上，放入一支装有等质量的水的试管，以保持平衡。

② 放好离心管后，盖好离心机盖，然后打开调速开关，使转速由小到大，不宜太快，一般调至 2000r/min 左右。运转 2～3min 后，可完成离心操作。

③ 使用完毕，逐渐把调速开关调慢至零，待其自停。切不可施加外力强行停止，以免发生事故或降低机件平稳性。待其停转后，才能开盖，取出离心试管。

④ 在离心试管中进行固液分离时，用一吸管，先捏紧橡皮头，然后插入离心试管中，插入的深度以吸管的下端不接触沉淀为限。然后慢慢放松橡皮头，吸出上层清液，留下沉淀。如图 5-13 所示。如需洗涤沉淀，则加少量蒸馏水或指定的洗涤试剂，搅拌，离心分离，吸出上层清液。如此重复洗涤 2～3 次。

第二部分　基本原理实验

实验六　化学反应焓变的测定

一、目的
1. 学习用量热法测定化学反应焓变的原理和方法。
2. 学会利用外推法处理实验数据。

二、原理
在化学反应过程中，伴随着能量的变化，且能量常以热的形式表现出来。化学反应时放出或吸收的热量称为反应热。在化学热力学中，恒压反应热 Q_p 在数值上等于反应的焓变 $\Delta_r H$。

本实验通过测定锌粉和硫酸铜反应前后温度的变化，求得该反应的反应热。

$$Zn + CuSO_4 \longrightarrow ZnSO_4 + Cu \quad \Delta_r H_m^{\ominus}(298K) = -216.8 kJ \cdot mol^{-1}$$

这是个放热反应，1mol 锌置换 1mol 铜所放出的热量，就是该反应的摩尔焓变。

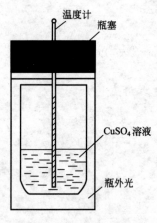

图 6-1　简易量热器

焓变测定的方法很多，本实验是在一个保温杯式的量热器中进行的（如图 6-1 所示）。反应放出的热量一方面使量热器中溶液的温度升高，另一方面也使量热器本身的温度提高。根据所测定的温度变化，可求得反应的焓变。计算公式如下：

$$\Delta_r H_m = -\left(\Delta t CVd \frac{1}{n} + \Delta t C_{量热器} \frac{1}{n}\right) \times \frac{1}{1000}$$

$$= -\Delta t \times \frac{1}{1000n}(CVd + C_{量热器}) \tag{6-1}$$

式中，$\Delta_r H_m$ 为反应的焓变，$kJ \cdot mol^{-1}$；Δt 为反应前后溶液温度变化（由作图外推法求得），℃；C 为 $CuSO_4$ 溶液的比热，约为 4.18 $J \cdot g^{-1} \cdot ℃^{-1}$；$V$ 为 $CuSO_4$ 溶液的体积，mL；d 为 $CuSO_4$ 溶液的密度，1.030$g \cdot mL^{-1}$；n 为溶液中 $CuSO_4$ 的物质的量，mol；$C_{量热器}$ 为量热器热容，$J \cdot ℃^{-1}$。

量热器的热容是指量热器温度升高 1℃所需的热量。在测定焓变之前，应先确定所用量热器的热容，其测定方法如下。

在量热器中加入一定体积的冷水（自来水），测定其温度为 t_1，然后加入相同体积的热水，温度为 t_2。混合冷水和热水，混合后的水温为 t_f，已知水的比热为 $4.18\text{J} \cdot \text{g}^{-1} \cdot \text{℃}^{-1}$，则：

① 热水失热 $(t_2 - t_f)V(H_2O)d(H_2O) \times 4.18$ (J)

② 冷水得热 $(t_f - t_1)V(H_2O)d(H_2O) \times 4.18$ (J)

③ 量热器得热 $(t_f - t_1)C_{量热器}$ (J)

根据能量守恒定律①＝②＋③，整理得：

$$C_{量热器} = \frac{V(H_2O)d(H_2O) \times 4.18 \times (t_2 + t_1 - 2t_f)}{t_f - t_1} \quad (\text{J} \cdot \text{℃}^{-1}) \qquad (6-2)$$

式中，$V(H_2O)$ 为所加冷水（或热水）的体积，mL；$d(H_2O)$ 为水的密度，$1.000\text{g} \cdot \text{mL}^{-1}$。

三、仪器和药品

仪器：台秤、简易量热器、温度计（具有 0.1℃分度，2 支）、量筒（100mL）、烧杯（100mL）、移液管（50mL）、玻璃棒、秒表。

药品：$CuSO_4$ 标准溶液（浓度已标定）、锌粉（化学纯）。

四、实验内容

1. 量热器热容的测定

① 用量筒量取 50mL 自来水，倒入已洗净擦干的量热器中，盖好带有温度计的盖子（小心不要碰破温度计）。记录量热器水温 t_1（准确至 0.1℃）。

② 用量筒量取 50mL 比室温高出 20～30℃ 的热水，记录热水温度 t_2，迅速将热水倒入量热器中，盖上盖子，沿一个方向轻轻摇匀（动作要轻）。并同时开始计时，每隔 15s 记录一次水温，经平衡温度后，温度开始下降，即可停止记录。此平衡温度即为冷热水混合后的温度 t_f。

2. 锌粉与硫酸铜反应焓变的测定

① 用台秤称取 1.5g 锌粉。

② 将量热器中的水倒掉，用自来水冲洗几次，使量热器的温度迅速恢复至室温，并擦干量热器。用 50mL 移液管准确量取 $CuSO_4$ 标准溶液 50.00mL，放入量热器中，盖紧盖子，按动秒表并轻轻摇动量热器，每 30s 记录一次温度，记录 5～6 个数据。

③ 把称好的锌粉迅速倒入蓝色的 $CuSO_4$ 溶液中，盖好盖子，轻轻摇动量热器，并每隔 30s 记录一次温度，直至温度上升到最高点并开始下降（或保持一定温度）后，再继续测定 3min。同时，观察反应完毕溶液的颜色，并与反应前硫酸铜溶液的颜色作对比。

④ 倾倒上层清液，将未反应完的锌粉倒入指定的容器中。

五、数据处理

1. 量热器热容的测定

冷水温度 $t_1 =$ _____ ℃；热水温度 $t_2 =$ _____ ℃

将冷热水混合后温度随时间的变化填入表 6-1。

表 6-1　冷热水混合后温度随时间的变化

时间/s							
温度 /℃							
时间 /s							
温度 /℃							

2. 锌粉与硫酸铜反应焓变的测定

将锌粉与硫酸铜反应时温度随时间的变化填入表 6-2。

表 6-2　硫酸铜溶液中加入锌粉后温度随时间的变化

时间 /s							
温度 /℃							
时间 /s							
温度 /℃							
时间 /s							
温度 /℃							

3. 温度校正曲线制作

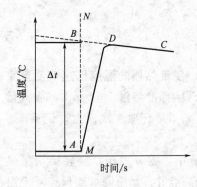

图 6-2　温度校正曲线

由于反应后的温度需要一定时间才能达到最高值，而本实验所用量热器非严格的绝热系统，因此量热器不可避免地会与环境发生少量的热交换。为了校正这些因素所造成的测定误差，需要通过作图绘出温度校正曲线，求出温度的真实变化值。

以时间为横坐标，温度为纵坐标。在坐标纸上标出各点，将各点连成一条光滑曲线。如图 6-2 所示，图中 A 为反应初始温度点，D 为观测到的反应最高温度，过 A 点作横坐标的垂线 MN，作 CD 的延长线交 MN 于 B 点，则 AB 即为校正温度 Δt。

六、思考题

1. 实验中所用锌粉为什么要过量？

2. 实验中所用 $CuSO_4$ 溶液的浓度为什么要求比较准确？

3. 为什么要采用作图外推法求得 Δt？

实验七　化学反应速率

一、目的

1. 通过过二硫酸铵与碘化钾的反应，加深理解浓度、温度和催化剂对化学反应速率的影响。

2. 测定该反应的速率，计算其反应级数、反应速率常数及活化能。练习实验数据的处理和作图方法。

3. 练习在水浴中进行恒温操作，掌握温度计、秒表的正确使用方法。

二、原理

在水溶液中 $(NH_4)_2S_2O_8$ 与 KI 反应的离子方程式为：

$$S_2O_8^{2-}+3I^-\longrightarrow 2SO_4^{2-}+I_3^- \tag{7-1}$$

该反应的平均反应速率与浓度的关系式为：

$$v=-\frac{\Delta c(S_2O_8^{2-})}{\Delta t}=kc^m(S_2O_8^{2-})c^n(I^-)$$

式中，v 表示平均反应速率；$\Delta c(S_2O_8^{2-})$ 表示 Δt 时间内 $S_2O_8^{2-}$ 的浓度变化；$c(S_2O_8^{2-})$ 表示 $S_2O_8^{2-}$ 的起始浓度；$c(I^-)$ 表示 I^- 的起始浓度；k 表示反应速率常数；m、n 表示反应的分级数，反应总级数为 $m+n$。

为测定一定时间 Δt 范围内 $S_2O_8^{2-}$ 的浓度变化 $\Delta c(S_2O_8^{2-})$，可在 $(NH_4)_2S_2O_8$ 与 KI 混合的同时，加入一定体积的已知浓度的 $Na_2S_2O_3$ 溶液和淀粉溶液。这样当反应式(7-1) 中 I_3^- 生成的同时，$S_2O_3^{2-}$ 与 I_3^- 又发生如下反应：

$$2S_2O_3^{2-}+I_3^-\longrightarrow S_4O_6^{2-}+3I^- \tag{7-2}$$

反应式(7-2) 进行得很快，其速率远大于反应式(7-1)。反应式(7-1) 生成的 I_3^- 立即与 $S_2O_3^{2-}$ 作用，生成无色的 $S_4O_6^{2-}$ 和 I^-。当 $Na_2S_2O_3$ 耗尽时，反应式(7-1) 继续生成的 I_3^- 就会与淀粉作用，使溶液显蓝色。

从反应式(7-1) 和反应式(7-2) 看出，$S_2O_8^{2-}$ 浓度减少量为 $S_2O_3^{2-}$ 浓度减少量的一半，即

$$\Delta c(S_2O_8^{2-})=\frac{1}{2}\Delta c(S_2O_3^{2-})$$

从反应开始到溶液呈蓝色这段时间（Δt）内，由于 $Na_2S_2O_3$ 全部耗尽，所以

实际上，$\Delta c(\mathrm{S_2O_3^{2-}})$ 就是 $\mathrm{S_2O_3^{2-}}$ 的初始浓度 $c(\mathrm{S_2O_3^{2-}})$。

有
$$v=-\frac{\Delta c(\mathrm{S_2O_8^{2-}})}{\Delta t}=-\frac{\Delta c(\mathrm{S_2O_3^{2-}})}{2\Delta t}=\frac{c(\mathrm{S_2O_3^{2-}})}{2\Delta t}$$

又
$$v=kc^m(\mathrm{S_2O_8^{2-}})c^n(\mathrm{I^-})$$

等式两边取对数有
$$\lg v=\lg k+m\lg c(\mathrm{S_2O_8^{2-}})+n\lg c(\mathrm{I^-})$$

实验中 $c(\mathrm{S_2O_3^{2-}})$ 不变，当 $c(\mathrm{I^-})$ 一定时，不同 $c(\mathrm{S_2O_8^{2-}})$ 就有不同的 Δt，即有不同的反应速率 v。以 $\lg v$ 对 $\lg c(\mathrm{S_2O_8^{2-}})$ 作图，可得一直线，斜率为 m。

同理，当 $c(\mathrm{S_2O_8^{2-}})$ 一定时，不同的 $c(\mathrm{I^-})$ 也有不同的反应速率 v，以 $\lg v$ 对 $\lg c(\mathrm{I^-})$ 作图所得直线的斜率为 n。

从 $k=\dfrac{v}{c^m(\mathrm{S_2O_8^{2-}})c^n(\mathrm{I^-})}$ 又可求出反应速率常数 k。

根据阿伦尼乌斯公式：
$$\lg k=-\frac{E_a}{2.303RT}+\lg A$$

式中，E_a 为反应的活化能；R 为气体常数；A 为指前因子；T 为热力学温度。测不同温度下的 k 值，以 $\lg k$ 对 $1/T$ 作图，得一直线，直线的斜率为 S，$S=-\dfrac{E_a}{2.303R}$，由此可求得活化能 E_a。

$(\mathrm{NH_4})_2\mathrm{S_2O_8}$ 氧化 KI 的反应，在有 $\mathrm{Cu(NO_3)_2}$ 的存在时，反应速率加快。

三、仪器、药品和材料

仪器：烧杯 (150mL)、量筒 (10mL、20mL、25mL)、温度计 (0～100℃)、大试管 (40mL)、秒表、水浴锅。

药品：$(\mathrm{NH_4})_2\mathrm{S_2O_8}$ (0.20mol·$\mathrm{L^{-1}}$)、KI (0.20mol·$\mathrm{L^{-1}}$)、$\mathrm{Na_2S_2O_3}$ (0.010mol·$\mathrm{L^{-1}}$)（因是测定实验，要求上述试剂的浓度要足够准确，且要现配）、$\mathrm{KNO_3}$ (0.20mol·$\mathrm{L^{-1}}$)、$(\mathrm{NH_4})_2\mathrm{SO_4}$ (0.20mol·$\mathrm{L^{-1}}$)、$\mathrm{Cu(NO_3)_2}$ (0.20mol·$\mathrm{L^{-1}}$)、淀粉 [0.2%（质量分数）]。

材料：冰块。

四、实验内容

1. 浓度对化学反应速率的影响，求反应级数

在室温下，用量筒（每种试剂都应用带有标签的专用量筒来量取，不能混用）准确量取 20.0mL 0.20mol·$\mathrm{L^{-1}}$ KI 溶液、8.0mL 0.010mol·$\mathrm{L^{-1}}$ $\mathrm{Na_2S_2O_3}$ 溶液、4.0mL 0.2%淀粉溶液，都加到 150mL 烧杯中混合均匀。再用另一支量筒准确量取 20.0mL 0.20mol·$\mathrm{L^{-1}}$ $(\mathrm{NH_4})_2\mathrm{S_2O_8}$ 溶液，迅速加到烧杯中，同时开启秒表，并搅拌。当溶液刚出现蓝色时，停秒表，记下反应时间及室温，填入表 7-1 中。

表 7-1　浓度对反应速率的影响

实验编号		I	II	III	IV	V
试剂用量/mL	$0.20\text{mol} \cdot \text{L}^{-1}(\text{NH}_4)_2\text{S}_2\text{O}_8$	20.0	10.0	5.0	20.0	20.0
	$0.20\text{mol} \cdot \text{L}^{-1}\text{KI}$	20.0	20.0	20.0	10.0	5.0
	$0.010\text{mol} \cdot \text{L}^{-1}\text{Na}_2\text{S}_2\text{O}_3$	8.0	8.0	8.0	8.0	8.0
	0.2%(质量分数)淀粉液	4.0	4.0	4.0	4.0	4.0
	$0.20\text{mol} \cdot \text{L}^{-1}\text{KNO}_3$	0	0	0	10.0	15.0
	$0.20\text{mol} \cdot \text{L}^{-1}(\text{NH}_4)_2\text{SO}_4$	0	10.0	15.0	0	0
52mL 溶液中各反应物的起始浓度/mol·L^{-1}	$c[(\text{NH}_4)_2\text{S}_2\text{O}_8]$					
	$c(\text{KI})$					
	$c(\text{Na}_2\text{S}_2\text{O}_3)$					
反应时间/s	Δt					
反应速率	$v = \dfrac{c(\text{Na}_2\text{S}_2\text{O}_3)}{2\Delta t}$					

同样方法，按照表 7-1 中用量进行另外四次实验。为使每次实验溶液中的离子强度和体积不变，不足的量分别用 $0.20\text{mol} \cdot \text{L}^{-1}\text{KNO}_3$ 溶液和 $0.20\text{mol} \cdot \text{L}^{-1}$ $(\text{NH}_4)_2\text{SO}_4$ 溶液补足。

2. 温度对化学反应速率的影响，求活化能

按表 7-1 中实验编号 IV 中的用量，分别把 KI、$\text{Na}_2\text{S}_2\text{O}_3$、$\text{KNO}_3$ 和淀粉溶液加到 150mL 烧杯中。把 $(\text{NH}_4)_2\text{S}_2\text{O}_8$ 溶液加到另一烧杯（或 40mL 大试管）中，并将它们同时放在冰水浴中，待两种试液的温度都降到低于室温 10℃时，将 $(\text{NH}_4)_2\text{S}_2\text{O}_8$ 迅速倒入 KI 等混合液中，同时记时，并不断搅拌。溶液变蓝色时，记录反应的时间和温度，填入表 7-2 中。

表 7-2　温度对反应速率的影响

实验编号		1	2	3	4
反应温度	℃				
	K				
反应时间 $\Delta t/\text{s}$					
反应速率 v					
反应速率常数 k					
$\lg k$					
$1/T$					
作图求得 $E_a/\text{kJ} \cdot \text{mol}^{-1}$					

利用热水浴在高于室温 10℃、20℃的条件下，重复上述实验，记录反应时间和温度，填入表 7-2 中。

3. 催化剂对反应速率的影响

按表 7-1 实验编号 Ⅳ 的用量，分别把 KI、$Na_2S_2O_3$、KNO_3 和淀粉溶液加到 150mL 烧杯中，再加一滴 $0.20mol \cdot L^{-1}Cu(NO_3)_2$ 溶液，摇匀。然后迅速加入 $(NH_4)_2S_2O_8$ 溶液，计时，并搅拌。当溶液出现蓝色时，记下反应时间，填入表 7-3 中。

表 7-3 催化剂对反应速率的影响

实验编号	加入 $0.20mol \cdot L^{-1}Cu(NO_3)_2$ 的滴数	反应时间/s
1	1	
2	2	

五、数据处理

1. 按表 7-1 计算各实验的反应速率 v。

用表 7-1 中实验 Ⅰ、Ⅱ、Ⅲ 的数据作 $\lg v$-$\lg c(S_2O_8^{2-})$ 图，得一直线，斜率为 m。

用 Ⅰ、Ⅳ、Ⅴ 的数据作 $\lg v$-$\lg c(I^-)$ 图，也得一直线，斜率为 n。

根据 m 和 n，再计算各实验的反应速率常数 k。将计算结果填入表 7-4 中。

表 7-4 浓度的影响求反应级数和反应速率常数

实验编号	Ⅰ	Ⅱ	Ⅲ	Ⅳ	Ⅴ
$\lg v$					
$\lg c(S_2O_8^{2-})$					
$\lg c(I^-)$					
m					
n					
$k = \dfrac{v}{c^m(S_2O_8^{2-})c^n(I^-)}$					

2. 用表 7-2 中各次实验的 $\lg k$ 对 $1/T$ 作图，得一直线，直线斜率为 $-\dfrac{E_a}{2.303R}$，由此可求出 E_a（文献值为 $51.88kJ \cdot mol^{-1}$）。

3. 如表 7-4，总结以上三部分实验结果，说明各种因素（浓度、温度、催化剂）如何影响反应速率。

六、思考题

1. 下列情况对实验结果有何影响？

（1）取用 6 种试剂的量筒没有分开专用；

（2）先加 $(NH_4)_2S_2O_8$ 溶液，最后加 KI 溶液；

（3）缓慢加入 $(NH_4)_2S_2O_8$ 溶液。

2. 为什么根据反应溶液出现蓝色的时间长短来计算反应速率？反应溶液出现蓝色时反应是否停止了？

3. 本实验中 $Na_2S_2O_3$ 的用量过多或过少，对实验结果有何影响？

4. 根据化学反应方程式是否就能确定反应级数？

附 秒表的使用

秒表是准确测量时间的仪器，如图 7-1 所示。实验室常用的秒表有两个指针，长针为秒针，短针为分针。表盘上也相应地有两圈刻度，分别表示秒和分的数值。秒针转一周为 30s，分针转一周为 15min。这种秒表可读准到 0.01s。表的上端有柄头，用它旋紧发条，控制表的启动和停止。

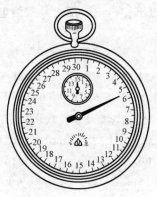

图 7-1 秒表

使用时，先旋紧发条，用手握住表体，用拇指或食指按柄头，按一下，表即走动。需停表时，再按柄头，秒针、分针就都停止转动，此时可读数。第三次按柄头时，秒针、分针即返回零点，恢复原状。有的秒表有暂停装置，需暂停时，按下暂停钮，表即停止；退回暂停钮时，表继续走动，连续计时。

实验八 电离平衡和沉淀反应

一、目的

1. 通过电解质强弱的比较，巩固 pH 概念。

2. 加深对同离子效应的理解，学习缓冲溶液的配制并试验其性质。

3. 了解盐类的水解作用及水解平衡移动。

4. 了解沉淀的生成与溶解、分步沉淀、沉淀转化等实验，巩固对溶度积规则的理解与运用。

5. 练习 pH 试纸的使用和离心分离操作。

二、原理

① 电解质有强弱之分，它们的电离度大小也不同。电解质在水溶液中的电离使水溶液呈现相应的 pH。

② 弱电解质在水溶液中存在着离子化和分子化的可逆平衡。在这平衡体系中加入含有相同离子的强电解质，促使弱电解质的电离平衡向分子化的方向移动，电离度降低，这种效应为同离子效应。

③ 由弱酸（或弱碱）及其盐的混合溶液组成的缓冲溶液，对外加的少量酸、碱或水都有一定的缓冲作用，即加少量的酸、碱、水后溶液的 pH 基本不变。

④ 盐类的水解使溶液呈现相应的 pH。水解反应是中和反应的逆反应，温度升高促进水解的进行，加入酸或碱则使水解受到抑制或促进。

⑤ 在难溶电解质溶液中，若相应的离子浓度幂的乘积大于该难溶电解质的溶度积时，则该难溶电解质会以沉淀析出。反之，难溶电解质的沉淀溶解。

三、仪器、药品和材料

仪器：离心机、离心试管。

药品：NH_4Cl（$0.1mol \cdot L^{-1}$）、$NaCl$（$0.1mol \cdot L^{-1}$）、NH_4Ac（$0.1mol \cdot L^{-1}$）、NaH_2PO_4（$0.1mol \cdot L^{-1}$）、Na_2HPO_4（$0.1mol \cdot L^{-1}$）、K_2CrO_4（$0.1mol \cdot L^{-1}$）、$AgNO_3$（$0.1mol \cdot L^{-1}$）、$MgCl_2$（$0.1mol \cdot L^{-1}$）、Na_2S（$0.1mol \cdot L^{-1}$、$1mol \cdot L^{-1}$）、$NaAc$（$0.1mol \cdot L^{-1}$、$2mol \cdot L^{-1}$）、KI（$0.001mol \cdot L^{-1}$、$0.1mol \cdot L^{-1}$）、$Pb(NO_3)_2$（$0.001mol \cdot L^{-1}$、$0.1mol \cdot L^{-1}$）、HCl（$0.1mol \cdot L^{-1}$、$6mol \cdot L^{-1}$）、HAc（$0.1mol \cdot L^{-1}$、$2mol \cdot L^{-1}$）、H_2S（$0.1mol \cdot L^{-1}$）、$NH_3 \cdot H_2O$（$0.1mol \cdot L^{-1}$、$2mol \cdot L^{-1}$）、$NaOH$（$0.1mol \cdot L^{-1}$）、甲基橙、酚酞、$NaAc$(固)、$BiCl_3$(固)。

材料：pH 试纸、精密 pH 试纸。

四、实验内容

1. 强电解质与弱电解质

用 pH 试纸测定下列溶液的 pH，并与计算结果相比较。$0.1mol \cdot L^{-1} NaOH$、$0.1mol \cdot L^{-1} NH_3 \cdot H_2O$、蒸馏水、$0.1mol \cdot L^{-1} H_2S$、$0.1mol \cdot L^{-1} HAc$、$0.1mol \cdot L^{-1} HCl$。

按 pH 从小至大的顺序，排列上述溶液。

2. 同离子效应和缓冲溶液

① 取 1mL $0.1mol \cdot L^{-1}$ HAc 溶液，加 1 滴甲基橙指示剂，再加入 1mL $0.1mol \cdot L^{-1} NaAc$ 溶液，观察指示剂颜色的变化，试解释之。

② 在两支各盛有 5mL 蒸馏水的试管中，分别加入 1 滴 $0.1mol \cdot L^{-1}$ HCl 和 1 滴 $0.1mol \cdot L^{-1} NaOH$ 溶液，测定它们的 pH，与蒸馏水的 pH 作比较。

③ 在一支试管中加入 1.5mL $2mol \cdot L^{-1}$ HAc 和 1.5mL $2mol \cdot L^{-1} NaAc$ 溶液，再加入 7mL 蒸馏水，摇匀后，再用 pH 试纸测出其 pH。将溶液分成两份，一份加入 1 滴 $0.1mol \cdot L^{-1}$ HCl，另一份加入 1 滴 $0.1mol \cdot L^{-1} NaOH$，分别再以试纸测其 pH。与②作比较，可得出什么结论？

*④ 用 $2mol \cdot L^{-1}$ HAc 和 $0.1mol \cdot L^{-1} NaAc$ 配制 pH 为 4.3 的缓冲溶液

10mL，用精密 pH 试纸检验溶液的 pH。并验证其有无缓冲能力。

3. 盐类的水解

① 用 pH 试纸测定浓度为 $0.1mol \cdot L^{-1}$ 的下列各溶液的 pH。

$NaCl$、NH_4Cl、Na_2S、$NaAc$、NH_4Ac、NaH_2PO_4、Na_2HPO_4

② 取少量 NaAc 固体溶于少量水中，加 1 滴酚酞溶液，观察溶液的颜色，在小火上加热此溶液，观察酚酞颜色有何变化，为什么？

③ 取一颗绿豆大小的 $BiCl_3$ 固体放入试管中，用水溶解，有什么现象？pH 是多少？滴加 $6mol \cdot L^{-1}$ HCl 使溶液澄清，再注入水稀释，又有什么现象？怎样用平衡移动原理解释这一系列现象。

4. 沉淀的生成

① 在试管中加入 $0.5mL$ $0.1mol \cdot L^{-1}$ $Pb(NO_3)_2$ 溶液，再注入 $0.5mL$ $0.1mol \cdot L^{-1}KI$ 溶液，观察有无沉淀生成？

② 另取一试管，用 $0.001mol \cdot L^{-1}$ $Pb(NO_3)_2$ 溶液和 $0.001mol \cdot L^{-1}KI$ 溶液进行实验，观察有无沉淀生成？

试用溶度积规则解释上述两个实验的现象。

5. 沉淀的溶解

① 在盛有 $1mL$ $0.1mol \cdot L^{-1}MgCl_2$ 溶液的试管中，加入 $2mol \cdot L^{-1}NH_3 \cdot H_2O$ 至有沉淀生成。再向试管中逐滴加入 $0.1mol \cdot L^{-1}NH_4Cl$ 溶液，振荡试管，观察沉淀的变化，试解释之。

② 在试管中加入 $0.5mL$ $0.1mol \cdot L^{-1}AgNO_3$ 和 1 滴 $0.1mol \cdot L^{-1}NH_3 \cdot H_2O$，观察沉淀的生成，再继续滴加氨水，观察沉淀的变化，试解释之。

6. 分步沉淀

往试管中加 $0.5mL$ $0.1mol \cdot L^{-1}NaCl$ 溶液和 2 滴 $0.1mL$ $0.1mol \cdot L^{-1}K_2CrO_4$ 溶液，混匀后，一边振荡试管，一边逐滴加入 $0.1mol \cdot L^{-1}AgNO_3$ 溶液，观察现象并加以解释。

7. 沉淀的转化

往离心管中加入 $0.5mL$ $0.1mol \cdot L^{-1}NaCl$ 溶液和 $7 \sim 8$ 滴 $0.1mol \cdot L^{-1}AgNO_3$ 溶液，振荡离心管，观察反应产物的颜色和状态。离心分离，弃去清液，然后在沉淀中加数滴 $1mol \cdot L^{-1}Na_2S$ 溶液，观察反应产物的颜色有何变化，并加以解释。

五、思考题

1. 将 $10mL$ $0.1mol \cdot L^{-1}NaOH$ 溶液加到 $10mL$ $0.2mol \cdot L^{-1}HAc$ 溶液中，所得溶液是否有缓冲作用？如将 $10mL$ $0.1mol \cdot L^{-1}HCl$ 溶液加到 $10mL$ $0.2mol \cdot L^{-1}NaAc$ 溶液中，所得溶液是否是缓冲溶液？

2. 实验室用 $BiCl_3$ 固体配制 $BiCl_3$ 溶液时，能否直接溶于蒸馏水中？应如何配制？

3. 为什么 H_3PO_4 溶液呈酸性，NaH_2PO_4 溶液呈微酸性，Na_2HPO_4 溶液呈微碱性，Na_3PO_4 溶液呈碱性？

4. 沉淀生成和溶解的条件是什么？

附　试纸的使用

实验中常用试纸来定性地检验某些溶液的性质或某种物质的存在，试纸的种类很多，常用的有以下几种。

一、pH 试纸及其使用

pH 试纸常用于测定溶液的酸碱性，并能测出溶液的 pH。pH 试纸分广泛 pH 试纸和精密 pH 试纸两种。广泛 pH 试纸的 pH 范围为 1～14，只能粗略地测定溶液的 pH。精密 pH 试纸在酸碱度变化较小的情况下就有颜色变化，所以能较精确地测定溶液的 pH。根据试纸的变色范围，精密 pH 试纸可分为多种，如 pH 为 1.4～3.0、3.8～5.4、5.3～7.0、6.4～8.0、8.2～10.0、9.5～13.0 等。

使用时，将一小块试纸放在洁净且干燥的表面皿上，用玻璃棒蘸取要试验的溶液，点在试纸中部，观察颜色变化，并与标准色板对比，确定 pH 或 pH 范围。切勿把试纸直接浸泡在待测溶液中。

二、KI-淀粉试纸及其使用

KI-淀粉试纸是将滤纸在 KI-淀粉溶液中浸泡后晾干，而制得的。使用时要用蒸馏水将试纸润湿。有时为了方便，将 KI 和淀粉溶液直接滴到滤纸上，即可使用。KI-淀粉试纸用以定性地检验氧化性气体（如 Cl_2、Br_2 等）。氧化性气体将试纸上的 I^- 氧化成 I_2，I_2 立即与淀粉作用，使试纸变为蓝紫色。

使用 KI-淀粉试纸时，可将一小块试纸润湿后粘在一洁净的玻璃棒的一端，然后用此玻璃棒将试纸放到管口，如有待测气体逸出，则试纸变色。

三、醋酸铅试纸及其使用

醋酸铅试纸是将滤纸在醋酸铅溶液中浸泡晾干后制成的。使用时要用蒸馏水润湿试纸。也可以取一小块滤纸在上面直接滴加醋酸铅溶液。醋酸铅试纸可用以定性地检验反应中是否有 H_2S 气体产生（即溶液中是否有 S^{2-} 存在）。H_2S 气体遇到试纸，即溶于试纸上的水中，然后与试纸上的醋酸铅反应，生成黑色的 PbS 沉淀：

$$Pb(Ac)_2 + H_2S \longrightarrow PbS\downarrow + 2HAc$$

PbS 使试纸呈黑褐色并有金属光泽，若溶液中 S^{2-} 的浓度较小，用此试纸就不易检出。

醋酸铅试纸的使用方法与 KI-淀粉试纸的使用方法相同。

实验九　醋酸解离度和解离常数的测定

一、目的

1. 了解醋酸解离度和解离常数的测定方法。

2. 学习使用酸度计。

3. 巩固滴定操作，练习溶液的配制。

二、原理

在水溶液中，醋酸存在下列解离平衡

$$HAc \rightleftharpoons H^+ + Ac^-$$

起始浓度/mol·L^{-1}　　　c　　　0　　　0

平衡浓度/mol·L^{-1}　　$c-c\alpha$　$c\alpha$　$c\alpha$

α 为解离度　　　$c(H^+) = c\alpha$

解离常数

$$K_a^\ominus(HAc) = \frac{[H^+][Ac^-]}{[HAc]} = \frac{c\alpha^2}{1-\alpha} \tag{9-1}$$

在一定温度下，测定不同浓度醋酸的 pH。

根据 $pH = -lg[H^+]$

$$\alpha = \frac{c(H^+)}{c} \tag{9-2}$$

求得相应的 $K_a^\ominus(HAc)$ 值，取平均值，即得该温度下 HAc 的解离常数。

三、仪器和药品

仪器：酸度计、酸式滴定管（50mL）、碱式滴定管（50mL）、锥形瓶（250mL）、移液管（25mL）、烧杯（50mL，干燥）。

药品：HAc(0.1mol·L^{-1})、标准 NaOH(0.1000mol·L^{-1}，实验室准备)、酚酞。

四、实验内容

1. HAc 溶液浓度的标定

以标准 NaOH 溶液滴定 0.1mol·L^{-1}HAc 溶液，加两滴酚酞作指示剂。重复做三次，将每次所用的 NaOH 标准溶液的体积记入表 9-1 中，要求所用 NaOH 溶液体积相差小于 0.05mL。计算 HAc 浓度，取平均值。

2. 不同浓度醋酸溶液的配制

取 4 只干燥的、编好号的小烧杯，从酸式滴定管中依次加入上述已标定的 HAc 溶液 6.00mL、12.00mL、24.00mL、48.00mL。再用另一支滴定管依次加入 42.00mL、36.00mL、24.00mL、0.00mL 蒸馏水，使各溶液的总体积均为 48.00mL。

表 9-1 醋酸溶液浓度的标定

滴 定 序 号		Ⅰ	Ⅱ	Ⅲ
NaOH 溶液的浓度/mol·L^{-1}				
HAc 溶液的用量/mL				
NaOH 溶液的用量/mL				
HAc 溶液的浓度/mol·L^{-1}	测定值			
	平均值			

3. 醋酸溶液 pH 的测定

用 pH 计由稀到浓分别测定各 HAc 溶液的 pH，记录在表 9-2 中。

表 9-2 醋酸溶液 pH 测定及数据处理

烧杯序号	V(HAc)/mL	V(H$_2$O)/mL	c(HAc)/mol·L^{-1}	pH	c(H$^+$)/mol·L^{-1}	α	$K_a^{\ominus}$	$K_a^{\ominus}$平均
1	6.00	42.00						
2	12.00	36.00						
3	24.00	24.00						
4	48.00	0.00						

五、数据处理

根据所测定的 HAc 浓度，计算出各烧杯中 HAc 溶液的浓度，将测得的 pH 换算成 $c(H^+)$，再由式 (9-1) 和式 (9-2)，求得相应的 α 值和 $K_a^{\ominus}$ 值，最后计算 $K_a^{\ominus}$ 的平均值。

六、思考题

1. 测定醋酸溶液的 pH 时，为什么要按溶液的浓度由稀到浓的顺序进行？

2. 不同浓度的醋酸溶液的解离度是否相同？解离常数是否相同？

3. 做好本实验，操作的关键是什么？

附 酸度计的使用方法

实验室常用的酸度计有 pHs-25C 型、雷磁 pHs-25 型、pHs-2C 型、pHs-3D 型等。

一、雷磁 pHs-25 型 pH 计

雷磁 pHs-25 型 pH 计使用的电极是 E-201-C-9 复合电极，如图 9-1 所示。

雷磁 pHs-25 型 pH 计的操作步骤如下。

① 先将复合电极端部塑料保护套拔去，并将它浸泡在 3.3mol·L^{-1} 氯化钾溶液中。

② 在接通电源前，先检查电表指针是否指零（pH＝7.0），如不指零，调节电表上的机械零点使 pH＝7.0。

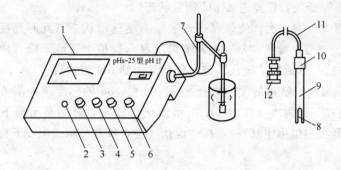

图 9-1 雷磁 pHs-25 型 pH 计

1—指示表；2—指示灯；3—温度；4—定位；5—选择；6—范围；7—电极杆；
8—球泡；9—玻璃管；10—电极帽；11—电极线；12—电极插头

③ 接上电源，打开电源开关，指示灯亮，预热 10min。

④ 将短路插接在电极插口上，调节仪器零点：pH=7.0。

⑤ 拆下电极插口上的短路插，插上复合电极。

⑥ 仪器的定位

a. 将"温度"补偿旋钮旋到被测溶液的温度值；

b. 将"选择"开关置于 pH 挡；

c. 选择预先配制好的标准缓冲液作为校正溶液；

d. 用蒸馏水冲洗复合电极，再用滤纸吸干，把电极插入缓冲溶液中；

e. 将"范围"开关置于与缓冲溶液相应的 pH 范围；

f. 调节"定位"旋钮，使指针的读数与该温度下缓冲溶液的 pH 相同；

g. 拔去电极插头，接上短路插，指针回应到 pH=7.0 处，如有变动，再重复 (d)、(e)、(f) 的操作，直到达到要求为止。

至此，仪器已定位好，在以后测量中，"零点"旋钮和"定位"旋钮不得再转动。

⑦ 测量。取出复合电极，用蒸馏水冲洗干净，并用滤纸吸干，把电极插头插入仪器电极插口上，并把电极浸入待测溶液中，指针所指的数值就是待测溶液的 pH。

当测量时溶液的温度与定位的温度不同时，可将"温度"旋钮旋到待测溶液的温度值，然后再测量。

⑧ 测量完毕，拆下复合电板，插上短路插，移走电极并冲洗电极，然后浸在 3.3mol·L^{-1}KCl 溶液中备用。

二、pHs-3D 型酸度计

pHs-3D 型酸度计的外观如图 9-2 所示。其操作步骤如下。

1. 自动标定

仪器使用前首先要标定。一般情况下仪器在连续使用时，每天要标定一次。

① 打开电源开关，仪器进入 pH 测量状态。

② 按"模式"键一次，使仪器进入溶液温度显示状态（此时温度单位℃，指示灯闪亮），按"△"键或"▽"键调节温度显示数值上升或下降，使温度显示值和溶液温度一致，然后按"确认"键，仪器又回到 pH 测量状态。

③ 把用蒸馏水清洗过的复合电极插入 pH＝6.86 的标准缓冲溶液中，待读数稳定后按"模式"键两次（此时 pH 指示值全部锁定，液晶显示器下方显示"定位"，表明仪器在定位标定状态），按"确认"键，仪器显示该温度下标准缓冲溶液的标称值。

④ 把用蒸馏水清洗过的复合电极插入 pH＝4.00 的标准缓冲溶液中，待读数稳定后按"模式"键三次（此时 pH 指示值全部锁定，液晶显示器下方显示"斜率"，表明仪器在斜率标定状态），然后按"确认"键，仪器显示该温度下标准缓冲溶液的标称值。

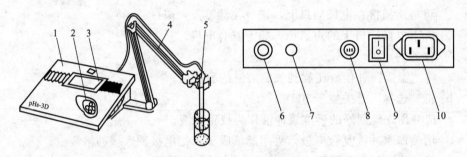

图 9-2　pHs-3D 型酸度计

1—机箱；2—键盘；3—显示屏；4—多功能电极架；5—电极；6—测量电极插座；
7—参比电极接口；8—保险丝；9—电源开关；10—电源插座

2. pH 测量

① 用蒸馏水清洗电极头部，再用少量被测溶液清洗 2～3 次。

② 把电极浸入被测溶液中，在显示屏上读出溶液的 pH。

3. 电极电势测量

① 打开电源开关，仪器进入 pH 测量状态；连续按"模式"键四次，使仪器进入电极电势（mV）测量状态。

② 把离子选择电极（或金属电极）和参比电极夹在电极架上。

③ 用蒸馏水清洗电极头部，再用少量被测溶液清洗 2～3 次。

④ 把离子选择电极的插头插入测量电极插座处；把参比电极接入参比电极接口处。

⑤ 将两种电极插在被测溶液内，即可在显示屏上读出该离子选择电极的电极电势。

⑥ 如被测信号超出仪器的测量范围，显示屏会显示"1…mV"，作超载报警。

4. 注意事项

① 在使用 pHs-3D 型酸度计标定过程中操作失误或按键按错而使仪器测量不正常，可关闭电源，然后按住"确认"键后再开启电源，使仪器恢复初始状态，然后重新标定。

② 测量时，水平方向轻轻摇动小烧杯以缩短电极响应时间。

实验十 氧化还原反应、电化学

一、目的

1. 了解原电池的电动势和电极电势的测定方法。
2. 掌握电极电势与氧化还原反应的关系。
3. 掌握反应物浓度、介质对氧化还原反应的影响。

二、原理

电极电势的大小反映了物质在其水溶液中的氧化还原能力的强弱。若某氧化还原电对的标准电极电势 $E^{\ominus}$（还原电势）越正，表示其中氧化型物质的氧化能力越强，还原型物质的还原能力越弱；反之，$E^{\ominus}$ 值越负，表示氧化型物质的氧化能力越弱，还原型物质的还原能力越强。

根据氧化剂和还原剂所对应电极电势的相对大小，可以判断氧化还原反应进行的方向。当氧化剂所对应电对的电极电势 $[E^{\ominus}$（氧化剂）$]$ 与还原剂所对应电对的电极电势 $[E^{\ominus}$（还原剂）$]$ 的差值：①大于零时，反应能自发进行；②等于零时，反应处于平衡状态；③小于零时，反应不能自发进行。

通常情况下，可直接使用标准电极电势（$E^{\ominus}$）来比较氧化剂或还原剂的强弱。但当两电对的标准电极电势差值小于 0.2 时，则应考虑反应物的浓度、介质的酸碱性对电极电势的影响。此时，可用能斯特方程式进行计算。若某电对的电极反应为：

$$a \text{ 氧化型} + n\text{e} \Longleftrightarrow b \text{ 还原型}$$

$$E(\text{氧化型/还原型}) = E^{\ominus}(\text{氧化型/还原型}) + \frac{0.059}{n}\lg\frac{[\text{氧化型}]^a}{[\text{还原型}]^b}$$

原电池是通过氧化还原反应将化学能转化为电能的装置。其中负极发生氧化反应，给出电子，电子通过导线流入正极，在正极上发生得电子的还原反应。原电池的电动势为 E：

$$E = E_{\text{正}} - E_{\text{负}}$$

通常要测定某电对的电极电势时，可使待测电极与参比电极组成原电池进行测定。常用的参比电极是甘汞电极。它是由 Hg、Hg_2Cl_2（固体）及 KCl 溶液组成。其电极电势主要决定于 Cl^- 的浓度，当 KCl 为饱和溶液时，称为饱和甘汞电极。25℃时，$E(Hg_2Cl_2/Hg) = 0.2415V$，它与温度的关系为：

$$E(Hg_2Cl_2/Hg) = 0.2415 - 0.00065(t-25)$$

利用电能使非自发的氧化还原反应能够进行的过程，叫做电解。将电能转化为化学能的装置叫电解池。电解池中与电源的正极相连的为阳极，进行氧化反应；与电源的负极相连的为阴极，进行还原反应。电解时，离子的性质、离子浓度的大小及材料等因素都可以影响两极的产物。

三、仪器、药品和材料

仪器：酸度计、盐桥、饱和甘汞电极。烧杯、试管、表面皿。

药品：$FeSO_4$（$0.1mol \cdot L^{-1}$）、$FeCl_3$（$0.1mol \cdot L^{-1}$）、KI（$0.1mol \cdot L^{-1}$、$0.5mol \cdot L^{-1}$）、KBr（$0.1mol \cdot L^{-1}$）、Na_2SO_3（$0.1mol \cdot L^{-1}$）、KIO_3（$0.1mol \cdot L^{-1}$）、$KMnO_4$（$0.01mol \cdot L^{-1}$）、$NaCl$（$1.0mol \cdot L^{-1}$）、$ZnSO_4$（$1.0mol \cdot L^{-1}$）、$CuSO_4$（$1.0mol \cdot L^{-1}$）、H_2SO_4（$2mol \cdot L^{-1}$、$6mol \cdot L^{-1}$）、HCl（$2mol \cdot L^{-1}$、浓）、HNO_3（$0.2mol \cdot L^{-1}$、$2mol \cdot L^{-1}$、浓）、HAc（$6mol \cdot L^{-1}$）、$NaOH$（$2mol \cdot L^{-1}$、$6mol \cdot L^{-1}$）、$NH_3 \cdot H_2O$（$6mol \cdot L^{-1}$）、溴水、碘水、奈斯勒试剂、淀粉［5％（质量分数）］、酚酞、CCl_4、MnO_2（固）、小块锌片。

材料：电极（锌片、铜片）、导线（带夹）、砂纸、滤纸片。

四、实验内容

1. 电极电势与氧化还原反应的关系

① 取 $0.1mol \cdot L^{-1}KI$ 溶液 5 滴和 $0.1mol \cdot L^{-1}FeCl_3$ 溶液 2 滴混匀，加入约 $0.5mL$ CCl_4，充分振荡后，观察 CCl_4 层的颜色，写出反应方程式。

② 用 $0.1mol \cdot L^{-1}KBr$ 溶液代替 KI，进行同样的实验，观察现象。

③ 在两支试管中各加入 $0.1mol \cdot L^{-1}FeSO_4$ 溶液 $0.5mL$ 和 CCl_4 $0.5mL$。然后分别滴入溴水和碘水各 2 滴，观察现象，写出反应方程式。

根据实验结果，比较 Br_2/Br^-、I_2/I^-、Fe^{3+}/Fe^{2+} 三电对的电极电势的相对大小。指出其中最强的氧化剂和最强的还原剂，并说明电极电势与氧化还原反应的关系。

2. 浓度对氧化还原反应的影响

① 在两支试管中分别加入浓 HCl 和 $2mol \cdot L^{-1}HCl$ 各 $1mL$，再各加入少量固体 MnO_2，观察现象，并用湿润的 KI 淀粉试纸检验有无 Cl_2 产生。试从电极电势的变化加以解释，并写出反应方程式。

② 在两支试管中分别加入 $2mL$ 浓 HNO_3 和 $2mL$ $0.2mol \cdot L^{-1}HNO_3$ 溶液，然后各加入一小块锌片，观察现象。

$0.2mol \cdot L^{-1}HNO_3$ 与锌片的反应可微热，以加速反应，最后检验有无 NH_4^+ 生成。

3. 酸度对氧化还原反应的影响

（1）不同介质对 $KMnO_4$ 还原产物的影响　在三支试管中各加入 $0.01mol \cdot L^{-1}KMnO_4$ 溶液 2 滴，然后分别加入 $1mL$ $2mol \cdot L^{-1}$ H_2SO_4、$1mL$ H_2O、$1mL$ $2mol \cdot L^{-1}$ $NaOH$，再在各试管中滴加 $0.1mol \cdot L^{-1}$ Na_2SO_3 溶液，振荡试管并观

察现象，写出反应方程式。

（2）不同介质对氧化还原反应方向的影响　在试管中加入 10 滴 0.5mol·L^{-1}KI 溶液和 2 滴 0.1mol·L^{-1}KIO$_3$ 溶液，再加 2 滴淀粉溶液，摇匀后观察溶液的颜色。然后滴加 2mol·L^{-1}H$_2$SO$_4$ 溶液使混合液酸化，观察溶液颜色变化。再滴加 6mol·L^{-1}NaOH 溶液、使混合液显碱性，观察溶液颜色变化，写出反应方程式。

（3）酸度对氧化还原反应速率的影响　在两支各盛有 5 滴 0.1mol·L^{-1} KBr 溶液的试管中，分别加入 2 滴 6mol·L^{-1} H$_2$SO$_4$ 和 2 滴 6mol·L^{-1} HAc，然后各加入 0.01mol·L^{-1} KMnO$_4$ 溶液 2 滴，观察并比较紫红色褪去的快慢，写出反应方程式。

4. $E^{\ominus}$（Zn^{2+}/Zn）的测定和 Cu-Zn 原电池电动势的测定

（1）$E^{\ominus}$（Zn^{2+}/Zn）的测定　在干燥的 50mL 烧杯中加入 20mL 1.0mol·L^{-1}ZnSO$_4$ 溶液，插入锌片构成负极，以饱和甘汞电极为正极，用酸度计测量其电动势，记录数据及实验温度，计算此条件下 Zn^{2+}/Zn 电极的标准电极电势。

（2）Cu-Zn 原电池电动势的测定　在两只 50mL 烧杯中分别加入 20mL 1.0 mol·L^{-1} ZnSO$_4$ 和 20mL 1.0mol·L^{-1} CuSO$_4$。在 ZnSO$_4$ 溶液中插入锌片，在 CuSO$_4$ 溶液中插入铜片，两烧杯以盐桥相连，再用导线将电极与酸度计连接，测量该原电池的电动势。记录数据，并利用上一实测得的 Zn^{2+}/Zn 电极的电极电势计算 Cu^{2+}/Cu 电极的电极电势。

5. 浓度对电极电势的影响

在 4.（2）装置中的 CuSO$_4$ 溶液中加入 6mol·L^{-1} NH$_3$·H$_2$O 至出现的浅蓝色沉淀又溶解为深蓝色溶液，搅拌均匀，观察电动势有何变化？然后在 ZnSO$_4$ 溶液中也加入 6mol·L^{-1} NH$_3$·H$_2$O 至析出的白色沉淀又溶解为无色透明溶液。电动势又有何变化，解释现象。

6. 电解

安装铜锌原电池，如图 10-1 所示，并用它做电源电解 NaCl 溶液。取一滤纸片放在表面皿上，以 1mol·L^{-1} NaCl 溶液润湿，再加入 1 滴酚酞，将原电池两极上的铜丝隔开一段距离并都与滤纸接触。几分钟后，观察滤纸上导线接触点附近颜色的变化。指出原电池的正、负极以及电解池的阴、阳极，并分别写出原电源和电解池两极的反应。

注：

1. 有气体放出的反应，如 MnO$_2$（固）与浓 HCl 的反应，锌片与浓 HNO$_3$ 的反应，应在通风橱（口）内进行。

2. NH$_4^+$ 的检验可用奈斯勒试剂或"气室法"。

3. KMnO$_4$ 与 Na$_2$SO$_3$ 在碱性条件下反应时，Na$_2$SO$_3$ 的用量不可过多。因当 Na$_2$SO$_3$ 过量时，多余的 Na$_2$SO$_3$ 会与产物 MnO$_4^{2-}$ 进一步发生氧化还原反应。最后的产物是 MnO$_2$

$$MnO_4^{2-} + SO_3^{2-} + H_2O \longrightarrow MnO_2 + SO_4^{2-} + 2OH^-$$

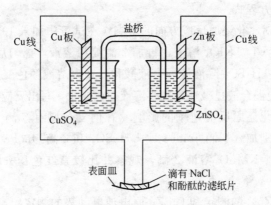

图 10-1 用原电池电解 NaCl 溶液的装置

4. 用酸度计测量电势的方法参见实验九的附。

5. 盐桥的制作：将 2g 琼脂和 30g 氯化钾加入 100mL 水中，在不断搅拌下加热溶解，煮沸数分钟，趁热倒入 U 形管中（若有气泡先排除，以免增加电阻），冷却后即成。

有时为简便可用饱和氯化钾溶液装 U 形管，两管口用小棉花球塞住（里面不能留气泡）即可使用。若实验时间不长，亦可用浸满饱和氯化钾溶液的湿润的长条滤纸代替。

五、思考题

1. 溶液的浓度、酸度对电极电势及氧化还原反应有何影响？

2. 为什么稀盐酸不能与 MnO_2 反应，而浓盐酸则可以反应？

3. 在 KI 与 $FeCl_3$ 反应的溶液中，为什么要加入 CCl_4？

4. 原电池的正极同电解池的阳极，原电池的负极与电解池的阴极，电极上的反应本质是否相同？

5. 原电池中盐桥有何作用？

实验十一 配位化合物

一、目的

1. 了解配合物的生成，以及与单盐、复盐的区别。

2. 比较配离子的稳定性。

3. 了解由简单离子生成配离子后各种性质的变化及应用。

二、原理

中心原子或离子（称为配合物的形成体）与一定数目的中性分子或阴离子（称为配合物的配位体）以配位键结合形成配位个体。配位个体处于配合物的内界，若带有电荷就称为配离子。带正电荷称为配阳离子，带负电荷称为配阴离子。配离子与带有相同数目的相反电荷的离子（外界）组成配位化合物，简称配合物。大多数易溶配合物在溶液中解离为配离子和外界离子。配离子虽然也能解离，但解离的程度很小。

如 $[Cu(NH_3)_4]SO_4$ 在水溶液完全解离为 $[Cu(NH_3)_4]^{2+}$ 和 SO_4^{2-}，但 $[Cu(NH_3)_4]^{2+}$ 则逐级进行解离：

$$[Cu(NH_3)_4]^{2+} \Longrightarrow [Cu(NH_3)_3]^{2+} + NH_3$$
$$[Cu(NH_3)_3]^{2+} \Longrightarrow [Cu(NH_3)_2]^{2+} + NH_3$$
$$[Cu(NH_3)_2]^{2+} \Longrightarrow [Cu(NH_3)]^{2+} + NH_3$$
$$[Cu(NH_3)]^{2+} \Longrightarrow Cu^{2+} + NH_3$$

简单金属离子在形成配离子后，其颜色、溶解性、酸碱性及氧化还原性都会改变。这些性质的变化，可以应用于化学分析及生产实践之中。

如 Co^{2+} 的水合离子是粉红色，在与 KSCN 形成配离子 $[Co(SCN)_4]^{2-}$ 后呈蓝色（在有机溶剂中的稳定性较大），由此可鉴定 Co^{2+}。

$$Co^{2+} + 4SCN^- \longrightarrow [Co(SCN)_4]^{2-}$$

无色配离子 $[FeF_6]^{3-}$ 在分析化学中用于消除 Fe^{3+} 的干扰。

$$Fe^{3+} + 6F^- \longrightarrow [FeF_6]^{3-}$$

AgCl 难溶于水，但与 NH_3 形成 $[Ag(NH_3)_2]^+$ 后，则易溶于水。

在一定条件下，配合物与沉淀之间可互相转化。例如：

$$AgCl + 2NH_3 \longrightarrow [Ag(NH_3)_2]^+ + Cl^-$$
$$[Ag(NH_3)_2]^+ + Br^- \longrightarrow AgBr\downarrow + 2NH_3$$

Hg^{2+} 能氧化 Sn^{2+}，但形成 $[HgI_4]^{2-}$ 后，由于 Hg^{2+} 浓度减小，氧化能力降低，就不再与 Sn^{2+} 反应。

H_3BO_3 与甘油作用，可给出 H^+，使溶液的 pH 改变。

具有环状结构的配合物称为螯合物，螯合物的稳定性更大，且多具有特征的颜色。如深蓝色的 $[Cu(NH_3)_4]^{2+}$ 遇 EDTA 则可转化为更稳定的浅蓝色螯合物 $[CuY]^{2-}$。

Ni^{2+} 与丁二酮肟生成鲜红色螯合物可用于鉴定 Ni^{2+}。

（鲜红色沉淀）

三、仪器、药品和材料

仪器：离心机、离心试管、试管。

药品：$KSCN$($0.1mol \cdot L^{-1}$)、$K_3[Fe(CN)_6]$($0.1mol \cdot L^{-1}$)、KI($0.1mol \cdot L^{-1}$)、Na_2CO_3($0.1mol \cdot L^{-1}$)、$NH_4Fe(SO_4)_2$($0.1mol \cdot L^{-1}$)、$CuSO_4$($0.1mol \cdot L^{-1}$)、$AgNO_3$($0.1mol \cdot L^{-1}$)、$HgCl_2$($0.1mol \cdot L^{-1}$)、$CaCl_2$($0.1mol \cdot L^{-1}$)、$FeCl_3$($0.1mol \cdot L^{-1}$)、$NiSO_4$($0.1mol \cdot L^{-1}$)、$CoCl_2$($0.1mol \cdot L^{-1}$)、$SnCl_2$($0.1mol \cdot L^{-1}$)、H_3BO_3($0.1mol \cdot L^{-1}$)、KBr($0.1mol \cdot L^{-1}$)、$Na_2S_2O_3$($0.1mol \cdot L^{-1}$)、$BaCl_2$($0.1mol \cdot L^{-1}$)、$NaCl$($0.1mol \cdot L^{-1}$)、$EDTA$($0.1mol \cdot L^{-1}$)、H_2SO_4($2mol \cdot L^{-1}$)、HCl($6mol \cdot L^{-1}$、浓)、$NaOH$($2mol \cdot L^{-1}$)$NH_3 \cdot H_2O$($2mol \cdot L^{-1}$、$6mol \cdot L^{-1}$)、甘油 [1%（质量分数）]、丁二酮肟 [1%（质量分数）]、CCl_4、丙酮、硫脲（固）、$CuCl_2$（固）、NH_4F（固）、铜片。

材料：pH 试纸。

四、实验内容

1. 配合物与复盐、单盐的区别

在三支试管中分别加入 $0.1mol \cdot L^{-1}$ 的 $K_3[Fe(CN)_6]$、$0.1mol \cdot L^{-1}$ $NH_4Fe(SO_4)_2$、$0.1mol \cdot L^{-1}$ $FeCl_3$ 溶液各 8 滴，然后各加入 $0.1mol \cdot L^{-1}$ $KSCN$ 溶液 2 滴，观察颜色的变化，解释之。

2. 配离子的生成和离解

（1）在两支试管中各加入 $0.1mol \cdot L^{-1}$ $CuSO_4$ 溶液 10 滴，再分别加入 $0.1mol \cdot L^{-1}$ $BaCl_2$ 和 $2mol \cdot L^{-1}$ $NaOH$ 2 滴，观察现象。

（2）在 10 滴 $0.1mol \cdot L^{-1}$ $CuSO_4$ 溶液中加入 $6mol \cdot L^{-1}$ 氨水至浅蓝色沉淀变成深蓝色溶液。将溶液分成两份：一份加数滴 $0.1mol \cdot L^{-1}$ $BaCl_2$；另一份加入 $2mol \cdot L^{-1}$ $NaOH$，观察有无沉淀生成。再在后一支试管中加入 $2mol \cdot L^{-1}$ H_2SO_4 至酸性，有何现象，解释并写出反应方程式。

根据以上两个实验结果，说明 $CuSO_4$ 与 NH_3 生成的配合物的组成。

（3）在 10 滴 $0.1mol \cdot L^{-1}$ $CaCl_2$ 中，加入 1 滴 $0.1mol \cdot L^{-1}$ Na_2CO_3 溶液，摇匀，观察现象。再逐滴加入 $0.1mol \cdot L^{-1}$ $EDTA$ 至沉淀完全溶解，过量几滴，最后再加入 $0.1mol \cdot L^{-1}$ Na_2CO_3 1 滴，是否有沉淀生成，为什么？

3. 配离子稳定性的比较

在离心管内加入 10 滴 $0.1mol \cdot L^{-1}$ $AgNO_3$ 和 10 滴 $0.1mol \cdot L^{-1}$ $NaCl$ 溶液，离心分离，弃去清液。在沉淀中滴加 $2mol \cdot L^{-1}$ $NH_3 \cdot H_2O$ 至沉淀刚好溶解为止。再在溶液中加 1 滴 $0.1mol \cdot L^{-1}$ $NaCl$ 溶液，观察有无沉淀生成？再加 $0.1mol \cdot L^{-1}$ KBr，至沉淀完全，离心分离，弃去溶液。沉淀中加入 $0.1mol \cdot L^{-1}$ $Na_2S_2O_3$ 溶液，沉淀是否溶解？为什么？

从实验结果比较 $[Ag(NH_3)_2]^+$、$[Ag(S_2O_3)_2]^{3-}$ 稳定性的大小，写出各步

反应方程式。

4. 配合物酸碱性的变化

取一小段 pH 试纸，在试纸的一端滴 1 滴 $0.1mol \cdot L^{-1}$ H_3BO_3，在另一端滴 1 滴甘油。待甘油与 H_3BO_3 互相渗透，观察试纸两端及溶液交界处的 pH，解释之。

5. 配合物的氧化还原性

（1）取两支试管，各加入 $0.1mol \cdot L^{-1}$ $HgCl_2$ 溶液 2 滴，在一支试管中逐滴加入 $0.1mol \cdot L^{-1}$ KI 溶液，至最初生成的沉淀刚好溶完。然后在两支试管中分别加入 $0.1mol \cdot L^{-1}$ $SnCl_2$ 溶液，观察现象，解释并写出反应方程式。

（2）取两支试管，各加入 $0.1mol \cdot L^{-1}$ $FeCl_3$ 溶液 10 滴，在其中一支试管中加入少许固体 NH_4F，使溶液的黄色褪去。然后再分别向这两支试管中加入 0.1 $mol \cdot L^{-1}$ KI 溶液，再各加入 10 滴 CCl_4，观察现象，解释并写出有关反应方程式。

（3）在两支试管中各加入 1mL $6mol \cdot L^{-1}$ HCl 溶液。在其中一支试管中加入一小匙硫脲 $[CS(NH_2)_2]$。然后再分别向这两支试管各加入一小块铜片，加热，观察现象，解释之。

$$8Cu + 2HCl + 8CS(NH_2)_2 \xrightarrow{\triangle} 2\{Cu[CS(NH_2)_2]\}_4Cl + H_2 \uparrow$$

6. 配合物颜色的变化

（1）在 $0.1mol \cdot L^{-1}$ $FeCl_3$ 溶液中，加入 1 滴 $0.1mol \cdot L^{-1}$ KSCN，观察溶液颜色变化，再加入少许固体 NH_4F，又有何变化，解释现象并写出反应方程式。

（2）取一支试管，加入数滴 $0.1mol \cdot L^{-1}$ $CoCl_2$ 溶液，再加入少量固体 KSCN 和数滴丙酮，观察现象。

（3）取少量 $CuCl_2$ 固体，加入 1mL 水溶解，逐滴加入浓 HCl，观察溶液颜色变化，然后逐滴加入水稀释，又有何变化，解释现象。

7. 螯合物的生成

（1）将自己制备的 $[Cu(NH_3)_4]^{2+}$ 溶液分为两份，一份留作比较，另一份中逐滴加入 $0.1mol \cdot L^{-1}$ EDTA 溶液，观察现象，解释并写出反应方程式。

（2）在 1 滴 $0.1mol \cdot L^{-1}$ $NiSO_4$ 溶液中，加入 2 滴 $2mol \cdot L^{-1}$ 氨水，然后加 1‰ 丁二酮肟 2～3 滴，观察现象。

注：

1. 实验中得到的 AgBr 沉淀一般是白色。当离子浓度较高，沉淀较多时，沉淀呈淡黄色。

2. EDTA 是乙二酸四乙酸及其二钠盐，因有六个配位原子，所以它的配位能力很强，能与许多金属离子形成稳定的螯合物。一般情况下，这些螯合物多为 1∶1 的配合物。

五、思考题

1. 配合物与复盐有何区别？

2. 说明硫酸四氨合铜（Ⅱ）配合物的组成。

3. 为什么稀盐酸不能氧化金属铜，但如有硫脲存在，反应就会发生？

实验十二　三价铁离子与磺基水杨酸配合物的组成和稳定常数的测定

一、目的

1. 学习分光光度计的使用。
2. 了解分光光度计测定配合物的组成和配离子稳定常数的原理和方法。

二、原理

有色物质因为对特征波长的光具有选择性吸收而呈现出不同的颜色。根据朗伯-比耳定律，当一束波长一定的单色光通过有色溶液时，溶液对光的吸收程度与溶液中有色物质（如有色离子）的浓度和液层的厚度的乘积成正比。即

$$A = \varepsilon c L$$

式中，c 为有色物质的浓度；L 为液层厚度；ε 是比例常数，称为吸收系数，它与入射光的波长以及溶液的性质、温度有关；A 为吸光度。

当波长和强度一定的入射光通过液层厚度一定的有色溶液时，吸光度和有色溶液浓度成正比：$A \propto c$，$A = Kc$（$K = \varepsilon L$）。

在给定条件下，某中心离子 M 与配位体 L 反应，生成配离子（或配合物）ML_n（略去电荷符号）：

$$M + nL \Longrightarrow ML_n$$

若 M 与 L 都是无色的，而只有 ML_n 有色，根据朗伯-比耳定律，可知溶液的吸光度 A 与配离子或配合物的浓度 c 成正比。本实验采用等摩尔系列法测定系列溶液的吸光度，从而求出该配离子（或配合物）的组成和稳定常数。

配制一系列含有中心离子 M 与配位体 L 的溶液，使 M 与 L 的总浓度保持一定，而 M 与 L 的摩尔分数作系列改变。例如，使溶液中 L 的摩尔分数依次为 0、0.1、0.2、0.3、0.4…0.9、1.0，而 M 的摩尔分数依次作相应递减。在一定波长的单色光中分别测定该系列溶液的吸光度。有色配离子（或配合物）的浓度越大，溶液颜色越深，其吸光度越大。当 M 与 L 恰好全部形成配离子时（不考虑配离子的离解），ML_n 的浓度为最大，吸光度也最大。若以 ML_n 溶液的吸光度 A 为纵坐标，溶液中配位体的摩尔分数为横坐标作图，所得曲线出现一个高峰，如图 12-1 所示点 B，它所对应的吸光度为 A_1。如果延长曲线两侧的直线线段部分，相交点为 A，点 A 所对应的 A_2 即为吸光度的极大值，它所对应的配位体的摩尔分数为 ML_n 的组成。若点 A 所对应的配位体的摩尔分数为 0.5，则中心离子的摩尔分数为：$1 - 0.5 = 0.5$，所以

$$\frac{配位体的物质的量}{中心离子的物质的量} = \frac{配位体摩尔分数}{中心离子摩尔分数} = \frac{0.5}{0.5} = 1$$

由此可知，该配离子（或配合物）的组成为 ML 型。

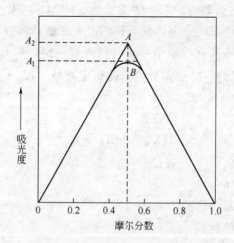

图 12-1 配位体摩尔分数-吸光度图

由于配离子（或配合物）有一部分离解，则其浓度比未离解时要稍小些，点 B 处为实验测得的最大吸光度 A_1 也必小于由曲线两侧延长所得点 A 处（即全部组成为 ML 配合物）的吸光度 A_2。因而配离子（或配合物）ML 的离解度 α 为：

$$\alpha = \frac{A_2 - A_1}{A_2}$$

配离子（或配合物）ML 的稳定常数 $K_{稳}^{\ominus}$ 与离解度 α 的关系如下：

$$ML(aq) \Longleftrightarrow M(aq) + L(aq)$$

平衡时浓度/mol·L^{-1} $\qquad c - c\alpha \qquad c\alpha \qquad c\alpha$

$$K_{稳}^{\ominus} = \frac{[ML]}{[M][L]} = \frac{1-\alpha}{c\alpha^2} \tag{12-1}$$

式中，c 表示点 A 所对应的配离子（或配合物）的浓度。

Fe^{3+} 与磺基水杨酸 HO—⟨COOH⟩—SO$_3$H （可简写为 H$_3$R）能形成稳定的螯合物，螯合物的组成随 pH 不同而有差异。磺基水杨酸溶液是无色的，Fe^{3+} 的浓度很稀时也可认为是无色的，它们在 pH 为 2~3 时，生成紫红色的螯合物（有一个配位体），反应可表示如下：

$$Fe^{3+} + {}^{-}O_3S—⟨OH, COOH⟩ \Longleftrightarrow [{}^{-}O_3S—⟨O, C—O⟩—Fe^{+}] + 2H^{+}$$

（紫红色）

pH 为 4~9 时，生成红色螯合物（有 2 个配位体）；pH 为 9~11.5 时，生成黄色螯合物（有 3 个配位体）；pH＞12 时，有色螯合物被破坏生成 Fe(OH)$_3$ 沉淀。

本实验是用不易与金属离子配合的高氯酸（$HClO_4$）来控制溶液的 pH。使溶液在 pH 为 2～3 的条件下测定上述配合物的组成和稳定常数。

由于磺基水杨酸 H_3R 在溶液中存在分级离解平衡，即其平衡浓度不能简单地按式（12-1）表示。因此，对于实验测得的稳定常数（$K_{稳}^{\ominus}$）理论值之间应作如下校正：$K_{稳}^{\ominus} = \dfrac{K_{稳}^{\ominus}}{a}$

$$\lg K_{稳}' = \lg K_{稳} - \lg a$$

所以

$$\lg K_{稳}^{\ominus} = \lg K_{稳}^{\ominus}{}' + \lg a$$

式中，a 称为副反应常数。

在 pH＝2 时，磺基水杨酸的 $\lg a = 10.2$。

三、仪器、药品和材料

仪器：分光光度计、烧杯（50mL，11 只，干燥）、容量瓶（100mL）、移液管（10mL）、吸量管（10mL）、洗耳球。

药品：$HClO_4$（0.01mol·L^{-1}）、$NH_4Fe(SO_4)_2$（0.01mol·L^{-1}）、磺基水杨酸（0.01mol·L^{-1}）。

材料：滤纸片、镜头纸。

四、实验内容

1. 溶液的配制

① 配制 0.00100mol·L^{-1} Fe^{3+} 溶液：用移液管量取 10.00mL 0.0100mol·L^{-1} $NH_4Fe(SO_4)_2$ 溶液，注入 100mL 的容量瓶中，用 0.01mol·L^{-1} 的 $HClO_4$ 溶液稀释至刻度，摇匀，备用。

② 配制 0.00100mol·L^{-1} 磺基水杨酸（H_3R）溶液：用移液管量取 10.00mL 0.01mol·L^{-1} H_3R 溶液，注入 100mL 容量瓶中，用 0.01mol·L^{-1} 的 $HClO_4$ 溶液稀释至刻度，摇匀，备用。

表 12-1　系列配离子（或配合物）溶液的配制

溶液编号	0.01mol·L^{-1} $HClO_4$/mL	0.01mol·L^{-1} Fe^{3+}/mL	0.01mol·L^{-1} H_3R/mL	H_3R 的摩尔分数	吸光度 A
1	10.0	10.0	0.00		
2	10.0	9.00	1.00		
3	10.0	8.00	2.00		
4	10.0	7.00	3.00		
5	10.0	6.00	4.00		
6	10.0	5.00	5.00		
7	10.0	4.00	6.00		
8	10.0	3.00	7.00		
9	10.0	2.00	8.00		
10	10.0	1.00	9.00		
11	10.0	0.00	10.00		

2. 系列配离子（或配合物）溶液的配制和吸光度的测定。

① 用移液管按表 12-1 的体积数量吸取各溶液，分别注入已编号的洁净、干燥的小烧杯中，搅拌均匀。

② 接通分光光度计电源，并调整好仪器，选定波长为 500nm 的光源。

③ 取 4 只厚度为 1cm 的比色皿，往其中 1 只中加入 $0.01mol \cdot L^{-1}$ 的 $HClO_4$ 溶液至 4/5 容积处（用作空白溶液，放在比色皿框中的第一格内）。其余 3 只分别加入各编号的待测溶液，分别测定各待测溶液的吸光度，并记录之。每次测定必须核对，记取稳定的数值。

3. 计算配离子（或配合物）的组成和稳定常数的求得

以配合物吸光度为纵坐标，H_3R 摩尔分数为横坐标用方格纸作图。从图中找出最大吸光度 A_1 和 A_2 并计算配离子（或配合物）的组成和稳定常数（$K_{稳}^{\ominus}$）。

注：

1. 如图 12-2 所示，吸光度 $A = \lg \dfrac{I_o}{I_t}$。当入射光强度 I_o 一定时，A 越大，表示透光强度 I_t 越小，溶液对光的吸收就越大。常将 $\dfrac{I_t}{I_o}$ 称为透光度（$\dfrac{I_t}{I_o} \times 100\%$ 也称为透光率）。

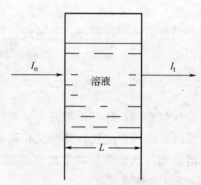

图 12-2 光的吸收示意图

I_o—入射光强度；I_t—透射光强度；L—液层厚度

2. 实验所用的 $0.01mol \cdot L^{-1}$ 磺基水杨酸溶液和 $0.01mol \cdot L^{-1}$ $NH_4Fe(SO_4)_2$ 溶液均用 $0.01mol \cdot L^{-1}$ $HClO_4$ 溶液配制。

五、思考题

1. 本实验测定配合物的组成及稳定常数的原理如何？

2. 本实验为什么用 $HClO_4$ 溶液作空白溶液？

3. 本实验为什么选用 500nm 波长的光源来测定溶液的吸光度？

4. 使用分光光度计时，有哪些注意事项？在拿比色皿时，需特别注意哪些问题？

附　分光光度计

一、721 型分光光度计

721 型分光光度计外形如图 12-3 所示。

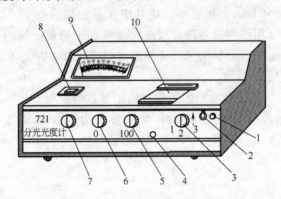

图 12-3　721 型分光光度计外形示意图

1—指示灯；2—开关；3—灵敏度旋钮；4—比色皿定位器拉杆；5—光亮调节（100％旋钮）；

6—调 "0" 旋钮；7—波长调节器；8—波长视孔；9—电表（刻表盘）；10—比色皿暗盒盖

721 型分光光度计的操作步骤如下。

1. 检查

(1) 未接电源前，首先检查电源线是否接好，地线是否接地。

(2) 检查电表指针是否指 "0"，若不在 "0" 线时可将电表上的校正螺丝调至 "0" 线。

2. 校正调节

(1) 将灵敏度挡放在最低位置挡，打开电源开关，指示灯亮，预热 20min。

(2) 根据被测溶液选择所需的单色波长，转动波长调节器旋钮，由观察孔查看波长数值。然后放入参比溶液和待测溶液，关上比色皿暗盒，使光通过参比溶液，转动 100％调节器旋钮，使指针落在满刻度。

(3) 标定光度计的透光度，打开比色皿暗盒（即切断光路），调节调 "0" 旋钮，使表针指 "0"。然后关上比色皿暗盒盖，旋转 "100％" 调节旋钮，使表针调在满刻度（如调不到满刻度，说明照度不够，应先将 "100％" 旋钮反旋回来，再将灵敏度挡调高，以免指针猛烈偏转而损坏），然后再次调 "0" 和满刻度 "100％"。

3. 测量

调好 "0" 线和满刻度后，将比色皿定位器拉杆拉出一格，使一号待测溶液进入光路，记录溶液的吸光度。依次拉出第二、三格，分别记录它们的吸光度，再校准 "0" 线和满刻度，重复测定一次，取两次的平均值。

测量完毕后，打开暗盒盖，关闭仪器的电源开关。然后将灵敏度旋钮调至最低挡。取出比色皿，将装有硅胶的干燥袋放入暗盒内，合上暗盒盖。最后将比色皿用去离子水洗净，并用镜头纸将外面的水擦干，倒置晾干后放入盒内。

4. 注意事项

（1）仪器连续使用若超过 2h，应切断仪器的电源，0.5h 后，再开机使用。

（2）仪器在通电而未比色测量时，必须将比色皿暗盒盖打开，切断光路，以延长光电管使用寿命。

（3）拿比色皿时，要用手指捏住两侧的磨砂面，严禁用手直接接触透明光面，以防止沾上油污或磨损，影响透光度。

（4）为避免待测溶液浓度改变，比色皿必须用待测溶液淌洗数次后，方可注入待测溶液。添加溶液的高度不要超过比色皿高度的 2/3。沾在皿壁上的溶液先用滤纸轻轻吸干，然后再用镜头纸轻轻擦净透光表面，对光观察透明，才可放入暗盒内。

二、UNICO WFJ2100 型可见分光光度计

UNICO WFJ2100 型可见分光光度计的示意图，如图 12-4 所示。它采用低杂散光、高分辨率的单光束光路结构，仪器具有良好的稳定性、重现性。应用最新微机处理技术，使操作更为简便，且具有自动波长设定，自动"0％T"和"100％T"调校等控制功能及多种方法的数据处理功能。LED 数字显示器可显示波长及透射比、吸光度和浓度等参数，提高了仪器的读数准确性。仪器的波长范围为 320～1000nm。

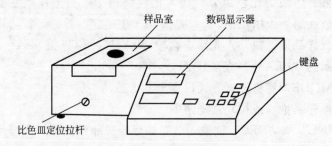

图 12-4　UNICO WFJ2100 型可见分光光度计

UNICO WFJ2100 型可见分光光度计的操作步骤如下。

1. 基本操作

（1）连接仪器电源线，确保仪器供电电源有良好的接地性能。

（2）接通电源，至仪器自检完毕，显示器显示"100.0 546nm"即可进行测试。为使仪器进入热稳定的工作状态，仪器应至少预热 20min。

（3）用<MODE>键设置测试方式：透射比（T），吸光度（A），已知标准样品浓度值（c）方式或已知标准样品斜率方式（F）。

（4）用波长设置键设置测试波长。根据分析规程，每当分析波长改变时，必须重新调整"0A/100％T"。而且仪器特别设计了防误操作功能：每当改变波长时，第一排显示器会显示"BLA"字样，提示下步必须调 $A=0/T=100\%$。若设置完

分析波长时，没有调节，仪器将不会继续工作。

（5）根据设置的分析波长，选择正确的光源。光源的切换波长在335nm处（即335nm钨灯，334nm氘灯）。正常情况下，仪器开机后，钨灯和氘灯同时点亮。为延长光源灯的使用寿命，仪器特别设置了光源灯开关控制功能，当分析波长在335～1000nm时，可将氘灯关掉，而波长低于334nm时，可将钨灯关掉。

（6）将参比样品溶液和被测样品溶液分别倒入比色皿中，打开样品室盖，将盛有溶液的比色皿分别插入比色皿槽中，盖上样品室盖。一般情况下，参比样品放在第一个槽位中。

（7）将参比样品推（拉）入光路中，按"0A/100％T"键调$A=0/T=100\%$，此时显示器显示的"BLA—"直至显示"100.0"或"0.000"为止。

（8）将被测样品推（拉）入光路，从显示器上读到被测样品的透射比或吸光度值。

2. 已知标准样品浓度值的测量方法

（1）用<MODE>键将测试方式设置至A（吸光度）状态。

（2）用 WAVELENGTH $\boxed{\wedge\vee}$ 设置键，设置样品的分析波长，根据分析规程，每当分析波长改变时，必须重新调整$A=0/T=100\%$和$T=0\%$。

（3）将参比样品溶液、标准样品溶液和被测样品溶液分别倒入比色皿中，打开样品室盖，将盛有溶液的比色皿分别插入比色皿槽中，盖上样品室盖。一般情况下，参比样品放在第一个槽位中。

（4）将参比样品推（拉）入光路中，按"0A/100％T"键调$A=0/T=100\%$，此时显示器显示的"BLA—"直至显示"0.000"为止。

（5）用<MODE>键将测试方式设置至c状态。

（6）将标准样品推（或拉）入光路中。

（7）按"INC"或"DEC"键输入已知的标准样品浓度值，当显示器显示样品浓度值时，按"ENT"键。浓度值只能输入整数值，设定范围为0～1999。

（8）将被测样品推（拉）入光路，从显示器上读到被测样品的浓度值。注意：若标样浓度值与它的吸光度的比值大于1999时，将超出仪器测量范围，此时无法得到正确结果。比如标准溶液浓度为150，其吸光度为0.065，二者之比为$150/0.065=2308$，已大于1999。这时可将标样浓度值除以10后输入，即输入15后进行测试。此时从显示器上读到的浓度值需乘以10后才是被测样品的实际浓度值。

3. 已知标准样品浓度斜率（K值）的测量方法

（1）用<MODE>键将测试方式设置至A（吸光度）状态。

（2）用 WAVELENGTH $\boxed{\wedge\vee}$ 设置键，设置样品的分析波长，根据分析规程，每当分析波长改变时，必须重新调整$A=0/T=100\%$和$T=0\%$。

（3）将参比样品溶液、标准样品溶液和被测样品溶液分别倒入比色皿中，打开样品室盖，将盖有溶液的比色皿分别插入比色皿槽中，盖上样品室盖。一般情况下，参比样品放在第一个槽位中。

（4）将参比样品推（拉）入光路中，按"0A/100％T"键调 $A=0/T=100\%$，此时显示器显示的"BLA—"直至显示"0.000"为止。

（5）用<MODE>键将测试方式设置至 F 状态。

（6）按"INC"或"DEC"键输入已知的标准样品斜率值，当显示器显示标准样品斜率值时，按"ENT"键。这时，测试方式指示灯自动指向"c"，斜率值只能输入整数值。

（7）将被测样品依次推（拉）入光路，从显示器上分别得到被测样品的浓度值。

第三部分 重要元素及化合物性质实验

实验十三 卤 素

一、目的
1. 了解溴、碘的溶解性。
2. 了解卤素单质的氧化性，卤素离子和卤化氢的还原性及其变化规律。
3. 了解卤素含氧酸盐的氧化性。
4. 掌握卤素离子的分离鉴定方法。

二、原理
氯、溴、碘是元素周期表中第 17（ⅦA）族元素，在化合物中常见的氧化态为 -1，但在一定条件下也可生成氧化态 $+1$、$+3$、$+5$、$+7$ 的化合物（碘的 $+5$ 氧化态的化合物更常见）。

卤素单质在水中的溶解度不大（氟与水发生剧烈的化学反应），而在有机溶剂（如 CS_2、CCl_4、苯等）中的溶解度较大。在有机溶剂中，Br_2 显棕红色，I_2 呈紫色（非极性有机溶剂中）。

卤素单质可作氧化剂，其氧化能力的顺序是：
$$F_2 > Cl_2 > Br_2 > I_2$$
因此前面的卤素可把后面的卤素从它们的卤化物中置换出来。例如：
$$Cl_2 + 2KBr \longrightarrow Br_2 + 2KCl$$
而卤素离子的还原性则按相反的顺序变化：
$$I^- > Br^- > Cl^- > F^-$$
HI 可将浓 H_2SO_4 还原成 H_2S，HBr 可将浓 H_2SO_4 还原为 SO_2，而 HCl 则不能还原浓 H_2SO_4。

氯的水溶液叫氯水，其中存在下列平衡：
$$Cl_2 + H_2O \Longleftrightarrow HCl + HClO$$
将氯气通到碱的冷溶液中，平衡向右移动，生成氯化物和次氯酸盐。次氯酸和次氯酸盐都是氧化剂，但次氯酸盐的氧化性比次氯酸弱。

卤酸盐也是氧化剂，它们的氧化性与溶液的 pH 有关，在酸性介质中的氧化性明显，在碱性介质中的氧化性不明显。如酸性介质中：
$$KIO_3 + 5KI + 3H_2SO_4 \longrightarrow 3I_2 + 3K_2SO_4 + 3H_2O$$

$$KBrO_3+5KBr+3H_2SO_4\longrightarrow3Br_2+3K_2SO_4+3H_2O$$

$$KClO_3+6KI+3H_2SO_4\longrightarrow3I_2+KCl+3K_2SO_4+3H_2O$$

$KClO_3$ 还能进一步将 I_2 氧化成 IO_3^-：

$$5KClO_3+3I_2+3H_2O\longrightarrow6HIO_3+5KCl$$

Cl^-、Br^-、I^- 都能与 Ag^+ 形成难溶于水的 $AgCl$（白）、$AgBr$（浅黄）、AgI（黄）沉淀。它们都不溶于稀 HNO_3。$AgCl$ 能溶于 $NH_3 \cdot H_2O$，生成配离子 $[Ag(NH_3)_2]^+$。

$$AgCl+2NH_3\longrightarrow[Ag(NH_3)_2]Cl$$

若以 HNO_3 酸化上述溶液，$AgCl$ 又将重新沉淀析出。

$$[Ag(NH_3)_2]Cl+2HNO_3\longrightarrow AgCl\downarrow+2NH_4NO_3$$

三、仪器、药品和材料

仪器：离心机、烧杯、试管、离心试管、滴管、酒精灯、三脚架、石棉网。

药品：KI（$0.1mol \cdot L^{-1}$）、$NaCl$（$0.1mol \cdot L^{-1}$）、KBr（$0.1mol \cdot L^{-1}$）、$AgNO_3$（$0.1mol \cdot L^{-1}$）、$Pb(Ac)_2$（$0.1mol \cdot L^{-1}$）、$KBrO_3$（饱和）、$KClO_3$（饱和）、$(NH_4)_2CO_3$（饱和）、$Na_2S_2O_3$（$0.5mol \cdot L^{-1}$）H_2SO_4（$2mol \cdot L^{-1}$、$6mol \cdot L^{-1}$、浓）、HCl（$6mol \cdot L^{-1}$）、HNO_3（$2mol \cdot L^{-1}$、$6mol \cdot L^{-1}$）、$NaOH$（$0.1mol \cdot L^{-1}$、$6mol \cdot L^{-1}$）、$NH_3 \cdot H_2O$（$6mol \cdot L^{-1}$）、氯水、溴水、碘水、品红溶液、淀粉 [5%（质量分数）]、CCl_4、$NaCl$（固）、KBr（固）、KI（固）、KIO_3（固）、$KClO_3$（固）、碘（固）、硫黄粉、锌粉、混合液（含 I^-、Br^-、Cl^-）。

材料：滤纸片、pH 试纸。

四、实验内容

1. 溴、碘的溶解性

（1）溴、碘在水中的溶解性　取两支试管，各加入 $1mL$ 蒸馏水，在第一支试管中加 2 滴溴水，另一支试管中加一小粒碘，振荡试管，观察形象，记录颜色。

（2）溴、碘在有机溶剂中的溶解性　在以上两支试管中，再各加入 $0.5mL$ CCl_4，振荡试管，观察现象，记录水层和 CCl_4 层颜色的变化。

通过以上实验现象，对溴、碘溶解性加以解释。

2. 自行设计实验比较氯、溴、碘的氧化性

提示：可用氯水、溴水、碘水分别与溴化钾、碘化钾进行反应，并用 CCl_4 萃取产物，观察颜色，写出反应方程式。说明氯、溴、碘氧化性的强弱。

3. 卤素离子还原性的比较

在三支试管中分别加入少量固体 $NaCl$、KBr、KI，然后加 $0.5mL$ 浓 H_2SO_4，观察试管中颜色的变化，同时分别用 pH 试纸、KI-淀粉试纸，$Pb(Ac)_2$ 试纸检验所产生的气体。根据观察分析产物，写出反应方程式，比较 Cl^-、Br^-、I^- 的还原性。

4. 次氯酸盐的氧化性

取氯水 2mL 于试管中，逐滴加入 $0.1mol \cdot L^{-1}$ NaOH 至溶液呈弱碱性（pH 为8～9）。将所得溶液分成三份，分别盛于三支试管中，进行下列实验。

（1）在第一支试管中加入数滴 $6mol \cdot L^{-1}$ HCl 溶液，观察现象，用 KI-淀粉试纸检验有无 Cl_2 生成，写出有关反应方程式。

（2）在第二支试管中加入 0.5mL CCl_4，再滴加 $0.1mol \cdot L^{-1}$ KI 溶液，振荡试管，现象观察，写出反应方程式。

（3）在第三支试管中加入数滴品红溶液，观察现象。

5. 卤酸盐的氧化性

（1）在试管中加入约 0.5mL 饱和 $KClO_3$ 溶液，然后加 2～3 滴 $0.1mol \cdot L^{-1}$ KI 溶液和 2 滴淀粉溶液，再逐滴加入 $6mol \cdot L^{-1}$ H_2SO_4，并不断振荡试管，观察溶液颜色的变化，解释现象，写出反应方程式。

（2）用饱和 $KBrO_3$ 溶液与 KBr 溶液作用，并用 $6mol \cdot L^{-1}$ H_2SO_4 酸化，用 CCl_4 检验有无 Br_2 析出，写出反应方程式。

（3）取少量 KIO_3 晶体溶解于水，加入 $0.1mol \cdot L^{-1}$ KI 数滴，并用 $2mol \cdot L^{-1}$ H_2SO_4 酸化，观察现象，最后再滴加 $6mol \cdot L^{-1}$ NaOH 数滴，有何现象，写出反应方程式。

（4）取黄豆大小干燥的 $KClO_3$ 晶体，与硫黄粉混合（约 2∶1），用纸包好，在指定地点用铁锤锤钉，可闻爆炸声。

6. 卤化银溶解度的比较

分别向盛有 $0.1mol \cdot L^{-1}$ NaCl、KBr、KI 溶液的三支离心试管中滴加 $0.1mol \cdot L^{-1}$ $AgNO_3$ 溶液，观察沉淀的颜色。沉淀经离心分离后，分别加入 $6mol \cdot L^{-1}$ $NH_3 \cdot H_2O$ 溶液，观察沉淀是否溶解。不溶的沉淀再次经离心分离后加入 $0.5mol \cdot L^{-1}$ $Na_2S_2O_3$ 溶液，观察沉淀是否溶解。写出反应式，说明卤化银溶解度的变化规律。

7. 卤素离子的鉴定

（1）Cl^- 的鉴定　取 5 滴 $0.1mol \cdot L^{-1}$ NaCl 溶液于离心试管中，用 $2mol \cdot L^{-1}$ HNO_3 酸化，滴入 $0.1mol \cdot L^{-1}$ $AgNO_3$ 溶液，有白色沉淀析出。离心分离沉淀，弃去溶液，往沉淀中滴加 $6mol \cdot L^{-1}$ 氨水，沉淀溶解，再加入 HNO_3，白色沉淀又重新析出，表示有 Cl^- 存在。

（2）Br^-、I^- 的鉴定　取两支试管，分别加入 5 滴 $0.1mol \cdot L^{-1}$ KBr 和 $0.1mol \cdot L^{-1}$ KI 溶液，并用 $2mol \cdot L^{-1}$ HNO_3 酸化，再分别滴加 $0.1mol \cdot L^{-1}$ $AgNO_3$ 溶液。有浅黄色沉淀析出的，表示有 Br^- 存在。有黄色沉淀析出的，表示有 I^- 存在。

*8. Cl^-、Br^-、I^- 混合液的分离鉴定

取 Cl^-、Br^-、I^- 的混合液 5 滴于离心试管中，加 1 滴 $6mol \cdot L^{-1}$ HNO_3 酸

化，再加入 $0.1mol \cdot L^{-1} AgNO_3$ 溶液至沉淀完全。在水浴中加热 2min，离心分离，弃去溶液。在沉淀中加入 1mL 饱和 $(NH_4)_2CO_3$ 溶液，充分搅拌后，离心分离，用滴管吸出上层清液于另一试管中，并用 $6mol \cdot L^{-1} HNO_3$ 酸化，若有白色沉淀析出，示有 Cl^-。离心管中的沉淀用少量蒸馏水洗涤两次后，在沉淀中加入 5 滴蒸馏水及少量锌粉，搅动 2~3min，离心分离，用滴管吸出清液于另一试管中，弃去沉淀。在清液中加 2 滴 $2mol \cdot L^{-1} H_2SO_4$ 酸化，加 10 滴 CCl_4，然后逐滴加入氯水，并不断搅动，CCl_4 层呈紫色，说明有 I^-。继续滴加氯水，紫红色褪去，CCl_4 层呈棕红色，示有 Br^-。

注：

1. 本实验 2 中，氯水滴加到 KI 溶液（已加 CCl_4）中时，要逐滴加入，并一边滴加，一边振荡试管，观察现象。不可一次加入过多氯水。

2. 本实验 3 中，浓 H_2SO_4 与卤化物的反应，应在通风橱（口）内进行。

3. 氯酸钾和硫黄粉都是火药中的主要成分，实验时用量要严格遵守规定，不准将药品私自带出实验室。

4. 检验沉淀是否完全，一般采取如下办法：将含有沉淀的溶液离心沉降后，试管内壁加入 1~2 滴沉淀剂至上层清液中，如不混浊表示沉淀已完全。

5. 本实验 8 中，在卤素离子混合液中加 $AgNO_3$ 沉淀完全后，水浴加热的目的是使絮状的卤化银凝聚，便于分离。

6. 离心试管加热时应用水浴，而不能直接加热，以免使试管破裂。

五、思考题

1. 用 KI-淀粉试纸检验 Cl_2 气时，为什么试纸先呈蓝色，随后蓝色又消失？

2. 溴能从含碘离子的溶液中取代碘，而碘又能从溴酸钾中取代溴，二者有无矛盾？试加以说明。

3. 为什么卤化物与浓 H_2SO_4 反应可制得 HCl，而得不到 HBr 和 HI？

实验十四 氧、硫

一、目的

1. 掌握过氧化氢的氧化还原性。

2. 掌握硫化氢、硫代硫酸盐的还原性，亚硫酸及其盐的氧化还原性。

3. 了解金属硫化物的溶解性。

二、原理

氧、硫是元素周期表中第 16（ⅥA）族的元素。

在过氧化氢（H_2O_2）的分子中，由于氧的氧化态为 -1，介于 0 和 -2 之间，所以 H_2O_2 既有氧化性，又有还原性。作为氧化剂时，被还原的产物是 H_2O；作为还原剂时，被氧化的产物是 O_2。

$$2KI + H_2O_2 + H_2SO_4 \longrightarrow I_2 + K_2SO_4 + 2H_2O$$

$$2KMnO_4 + 5H_2O_2 + 3H_2SO_4 \longrightarrow 2MnSO_4 + K_2SO_4 + 5O_2\uparrow + 8H_2O$$

H_2O_2 具有极弱的酸性，在水溶液中微弱地解离出 H^+。

$$H_2O_2 \Longrightarrow H^+ + HO_2^- \qquad K_1^{\ominus} = 1.55 \times 10^{-12} \quad (298K)$$

因此它能与强碱直接作用生成盐（过氧化物）。例如：

$$2NaOH + H_2O_2 \xrightarrow{\text{乙醇}} Na_2O_2\downarrow + 2H_2O$$

过氧化物是弱酸盐，与强酸作用生成 H_2O_2。

H_2O_2 不太稳定，易歧化分解。当有 MnO_2 或重金属离子存在时，因催化作用而加速其分解。

$$2H_2O_2 \longrightarrow 2H_2O + O_2\uparrow$$

过氧化氢在酸性溶液中能与铬酸盐反应，生成蓝色的不稳定的过氧化铬（CrO_5）。

$$4H_2O_2 + Cr_2O_7^{2-} + 2H^+ \longrightarrow 2CrO_5 + 5H_2O$$

$$4CrO_5 + 12H^+ \longrightarrow 4Cr^{3+} + 7O_2\uparrow + 6H_2O$$

但 CrO_5 在乙醚或戊醇中被萃取，呈蓝色溶液，较稳定，由此可鉴定 H_2O_2 或 $Cr_2O_7^{2-}$。

硫的价电子层构型为 $3s^2 3p^4$，与电负性大的元素化合，电子可激发至 3d，故有多种氧化态。

硫化氢中硫的氧化态为 -2，是常用的强还原剂。硫化氢可与多种金属离子生成不同颜色、不同溶解性的金属硫化物。如 Na_2S 溶于水；ZnS 为白色，难溶于水、易溶于稀酸；CuS 为黑色，不溶于盐酸，但可溶于硝酸；而黑色的 HgS 只溶于王水。根据金属硫化物颜色和溶解性不同，可用于分离和鉴定金属离子。

SO_2 溶于水生成亚硫酸。亚硫酸及其盐常作还原剂，但遇强还原剂时，又可作氧化剂。SO_2 和某些有色物生成无色加合物，所以具有漂白性。但这种加合物受热易分解。

$Na_2S_2O_3$ 在酸性溶液中，由于生成不稳定的 $H_2S_2O_3$，而迅速分解。

$$Na_2S_2O_3 + 2HCl \longrightarrow H_2S_2O_3 + 2NaCl$$
$$\quad\quad\quad\quad\quad\quad \mathrel{\raise1ex\hbox{$\llcorner$}} H_2O + S + SO_2$$

$Na_2S_2O_3$ 是重要的还原剂，其氧化产物视反应条件不同而不同。通 Cl_2 到 $Na_2S_2O_3$ 溶液中，最初析出 S。通入过量 Cl_2，最后生成 SO_4^{2-}。

$$Na_2S_2O_3 + Cl_2 + H_2O \longrightarrow Na_2SO_4 + S + 2HCl$$

$$Na_2S_2O_3 + 4Cl_2 + 5H_2O \longrightarrow Na_2SO_4 + H_2SO_4 + 8HCl$$

与中等强度的氧化剂作用如 I_2，产物为连四硫酸钠。

$$2Na_2S_2O_3 + I_2 \longrightarrow Na_2S_4O_6 + 2NaI$$

适量的 $S_2O_3^{2-}$ 与 Ag^+ 反应首先得到白色的 $Ag_2S_2O_3$ 沉淀。它在水溶液中极不稳定，会迅速变黄色进而棕色，最后转变为黑色 Ag_2S。这是 $S_2O_3^{2-}$ 的特征反应，可

用来鉴定 $S_2O_3^{2-}$ 的存在。

$$Ag_2S_2O_3 + H_2O \longrightarrow Ag_2S\downarrow + H_2SO_4$$

过量的 $S_2O_3^{2-}$ 与 Ag^+ 生成配合物 $[Ag(S_2O_3)_2]^{3-}$ 而不产生沉淀。

过二硫酸盐是强氧化剂，在 Ag^+ 的催化作用下，能将 Mn^{2+} 氧化成紫红色的 MnO_4^-

$$2Mn^{2+} + 5S_2O_8^- + 8H_2O \xrightarrow{Ag^+} 2MnO_4^- + 10SO_4^{2-} + 16H^+$$

如果溶液中同时存在 S^{2-}，SO_3^{2-} 和 $S_2O_3^{2-}$ 需逐个加以鉴定时，必须先将 S^{2-} 除去。因 S^{2-} 的存在干扰 SO_3^{2-} 和 $S_2O_3^{2-}$ 的鉴定。除去的办法是在混合液中加固体 $CdCO_3$，使之转化为更难溶的 CdS。离心分离后在清液中分别鉴定 SO_3^{2-} 和 $S_2O_3^{2-}$。

三、仪器、药品和材料

仪器：离心机、离心试管、试管、白色点滴板、酒精灯、三脚架、石棉网。

药品：$KI(0.1mol \cdot L^{-1})$、$K_2Cr_2O_7(0.1mol \cdot L^{-1})$、$NaCl(0.1mol \cdot L^{-1})$、$ZnSO_4(0.1mol \cdot L^{-1})$、$CdSO_4(0.1mol \cdot L^{-1})$、$CuSO_4(0.1mol \cdot L^{-1})$、$Hg(NO_3)_2(0.1mol \cdot L^{-1})$、$BaCl_2(0.1mol \cdot L^{-1})$、$AgNO_3(0.1mol \cdot L^{-1})$、$Na_2S_2O_3(0.1mol \cdot L^{-1})$ $KMnO_4(0.01mol \cdot L^{-1})$、$MnSO_4(0.001mol \cdot L^{-1})$、$SrCl_2(0.2mol \cdot L^{-1})$、$HCl(2mol \cdot L^{-1}、6mol \cdot L^{-1}、浓)$、$H_2SO_4(2mol \cdot L^{-1}、6mol \cdot L^{-1})$、$HNO_3(2mol \cdot L^{-1}、浓)$、$NaOH[40\%(质量分数)]$、$H_2S(饱和溶液)$、$H_2O_2[3\%(质量分数)]$、$SO_2(饱和溶液)$、碘水、氯水、乙醚、品红溶液、$Na_2[Fe(CN)_5NO][1\%(质量分数)]$、乙醇 $[95\%(体积分数)]$、淀粉 $[5\%(质量分数)]$、$MnO_2(固)$、$Na_2O_2(固)$、$(NH_4)_2S_2O_8(固)$、$CdCO_3(固)$、混合液（含 S^{2-}、$S_2O_3^{2-}$、SO_3^{2-}）。

材料：pH 试纸、滤纸片、火柴。

四、实验内容

1. 过氧化氢的生成和鉴定

(1) 取适量固体 Na_2O_2，加入 $6mol \cdot L^{-1} H_2SO_4$ 使之溶解，至溶液呈酸性（用 pH 试纸检验），写出反应方程式。

(2) 取上面制得的溶液 1mL，加入乙醚 0.5mL，以 $2mol \cdot L^{-1} H_2SO_4$ 2 滴酸化，再加 $0.1mol \cdot L^{-1} K_2Cr_2O_7$ 溶液 2～3 滴，振荡试管，观察水层和乙醚层颜色的变化。乙醚层呈蓝色说明有 H_2O_2 存在。

2. 过氧化氢的性质

(1) 弱酸性　取 40%NaOH 溶液 1mL，迅速加入 3%$H_2O_2$1mL，然后加入 95%乙醇 1mL 以降低溶解度，振荡试管，观察 Na_2O_2 沉淀析出，写出反应方程式。

(2) 氧化还原性

① 取 5 滴 $0.1mol \cdot L^{-1}$KI溶液，加 1 滴 5%淀粉溶液，以 3～4 滴 $2mol \cdot L^{-1}$

H_2SO_4 酸化，滴加 3‰ H_2O_2 溶液，观察现象，写出反应方程式。

② 以 2 滴 0.01mol·L^{-1} KMnO$_4$ 代替 KI 和淀粉，进行同样实验，观察现象，写出反应方程式。

（3）不稳定性　取一支试管加入 2mL 3‰ H_2O_2，再加入少量固体 MnO_2，观察现象，以火柴余烬检验氧气的产生。

3. 硫化氢的性质

（1）酸性　用 pH 试纸检验饱和 H_2S 水溶液的 pH。

（2）还原性　取两支试管分别加入 5 滴碘水和 0.01mol·L^{-1} KMnO$_4$ 溶液，均以 2 滴 2mol·L^{-1} H_2SO_4 酸化后，再各加入饱和 H_2S 水溶液 3～5 滴观察现象，写出反应方程式。

4. 金属硫化物的溶解性

分别取 0.1mol·L^{-1} NaCl、0.1mol·L^{-1} ZnSO$_4$、0.1mol·L^{-1} CdSO$_4$、0.1mol·L^{-1} CuSO$_4$ 和 0.1mol·L^{-1} Hg(NO$_3$)$_2$ 溶液各 5 滴于 5 支离心试管中，各加入等量的饱和 H_2S 水溶液，观察产物的颜色和状态。如有沉淀，离心分离，弃去溶液，进行下列实验。

往 ZnS 沉淀中加入 2mol·L^{-1} HCl，沉淀是否溶解？

往 CdS 沉淀中加入 2mol·L^{-1} HCl，沉淀是否溶解？离心分离，弃去溶液，再往沉淀中加入 6mol·L^{-1} HCl，又有何变化？

往 CuS 沉淀中加入 6mol·L^{-1} HCl，沉淀是否溶解？离心分离，弃去溶液再往沉淀中加入浓 HNO$_3$，又有何变化？

往 HgS 沉淀中加入 1mL 蒸馏水，搅拌，离心分离，弃去溶液，往沉淀中加入 0.5mL 浓 HNO$_3$，沉淀是否溶解？再加入 1.5mL 浓 HCl，振动试管，沉淀有何变化？

比较上述几种金属硫化物的溶解情况，写出有关的反应方程式。

5. 二氧化硫的性质

（1）酸性　用 pH 试纸检验 SO$_2$ 饱和溶液（亚硫酸）的酸碱性。

（2）氧化还原性

① 取 0.1mol·L^{-1} K$_2$Cr$_2$O$_7$ 溶液 5 滴，加入 2mol·L^{-1} H_2SO_4 2 滴酸化，滴入 SO$_2$ 饱和溶液，观察现象，写出反应方程式。

② 取 H_2S 饱和溶液 10 滴，滴加 SO$_2$ 饱和溶液，观察现象，写出反应方程式。比较 SO$_2$ 和 H_2S 的还原性的大小。

（3）漂白作用　取品红溶液 10 滴，滴加 SO$_2$ 饱和溶液，观察品红是否褪色？然后将溶液加热，观察颜色的变化，解释现象。

6. 硫代硫酸钠的性质

（1）$H_2S_2O_3$ 的生成与分解　取 0.1mol·L^{-1} Na$_2$S$_2$O$_3$ 溶液数滴，滴加 2 mol·L^{-1} HCl 放置片刻，观察溶液是否混浊？写出反应方程式。

（2）Na$_2$S$_2$O$_3$ 的还原性

① 取碘水 4 滴，滴加 $0.1mol \cdot L^{-1} Na_2S_2O_3$，观察现象，写出反应方程式。

② 在 $0.1mol \cdot L^{-1} Na_2S_2O_3$ 溶液中，加入氯水数滴，检验溶液中有无 SO_4^{2-}，写出反应方程式。

（3）$Ag_2S_2O_3$ 的生成与分解　取 $0.1mol \cdot L^{-1} Na_2S_2O_3$ 溶液 2 滴，加入 $0.1mol \cdot L^{-1} AgNO_3$ 直至产生白色沉淀，观察沉淀颜色的变化。

7. 过二硫酸盐的氧化性

取 1 滴 $0.001mol \cdot L^{-1} MnSO_4$ 溶液，加入 $0.5mL\ H_2O$，以 $2mol \cdot L^{-1} HNO_3$ 酸化，加入少许固体 $(NH_4)_2S_2O_8$，微热，有何现象？冷却后，加入 1 滴 $0.1mol \cdot L^{-1}$ $AgNO_3$ 溶液，又有何现象。解释并写出反应方程式。

*8. S^{2-}、$S_2O_3^{2-}$、SO_3^{2-} 混合液的分离鉴定

（1）S^{2-} 的检出　取 1 滴混合液于点滴板上，加 1 滴 $1\% Na_2[Fe(CN)_5NO]$ 出现紫红色，示有 S^{2-}。

（2）S^{2-} 的去除　取 10 滴混合液，滴入离心管中，加入少量 $CdCO_3$ 固体，充分搅动试管，离心分离，弃去沉淀，吸取 1 滴清液，用 $Na_2[Fe(CN)_5NO]$ 检验 S^{2-} 是否除尽。

（3）$S_2O_3^{2-}$ 的检出　取 2 滴已除去 S^{2-} 的溶液，滴入离心管中，加 2～3 滴 $2mol \cdot L^{-1} HCl$ 加热，有白色混浊出现，示有 $S_2O_3^{2-}$。

（4）SO_3^{2-} 的检出　在除去 S^{2-} 的剩余清液中加 $0.2mol \cdot L^{-1} SrCl_2$ 至不再有沉淀析出，加热几分钟，放置 10min 后，离心分离，沉淀用水洗涤，再用数滴 $2mol \cdot L^{-1} HCl$ 处理，如果沉淀不完全溶解，离心分离，弃去残渣，清液中加入碘-淀粉溶液，蓝紫色褪去，示有 SO_3^{2-}。

注：

1. H_2O_2 与 $KMnO_4$，发生氧化还原反应，生成 Mn^{2+}

$$5H_2O_2 + 2MnO_4^- + 6H^+ \longrightarrow 2Mn^{2+} + 5O_2\uparrow + 8H_2O$$

如果 MnO_4^- 过量，则进一步会发生如下反应

$$2MnO_4^- + 3Mn^{2+} + 2H_2O \longrightarrow 5MnO_2\downarrow(棕) + 4H^+$$

有棕色 MnO_2 析出。

$$E_A^{\ominus}: \quad MnO_4^- \xrightarrow{1.69V} MnO_2 \xrightarrow{1.23V} Mn^{2+}$$

2. 过二硫酸盐氧化 Mn^{2+} 的反应要有 Ag^+ 作催化剂，若无此催化剂，反应速率极慢，现象不明显。反应在酸性介质中进行，若不加酸，产物是 MnO_2 而不是 MnO_4^-。

3. CuS 溶于浓 HNO_3 后，溶液呈黄绿色，这是由于生成的 NO_2 溶于浓 HNO_3 中的缘故。如果加热赶走 NO_2 后，溶液可呈蓝色。

$$3CuS + 8H^+ + 2NO_3^- \longrightarrow 3Cu^{2+} + 3S\downarrow + 2NO\uparrow + 4H_2O$$

$$2NO + O_2 \longrightarrow 2NO_2$$

4. 以 $Na_2[Fe(CN)_5NO]$ 鉴定 S^{2-} 的反应为：

$$S^{2-} + [Fe(CN)_5NO]^{2-} \longrightarrow [Fe(CN)_5NOS]^{4-}$$

五、思考题

1. H_2O_2 为什么既有氧化性，又有还原性？通过实验加以说明。

2. S^{2-} 和 SO_3^{2-} 在酸性溶液中能否共存？

3. $K_2S_2O_8$ 氧化 Mn^{2+} 时，为什么要有 Ag^+ 存在？

4. 如何将 Cu^{2+}、Zn^{2+} 从它们的混合溶液中分离出来？

5. 在 S^{2-}、SO_3^{2-}、$S_2O_3^{2-}$ 混合液中，为什么要先将 S^{2-} 除去才鉴定 SO_3^{2-}？如何除去？怎样证明 S^{2-} 已被除尽？

实验十五　氮、磷

一、目的

1. 掌握硝酸及其盐、亚硝酸及其盐的主要性质。

2. 了解磷酸盐的主要性质。

3. 学会 NH_4^+、NO_3^-、NO_2^-、PO_4^{3-} 的鉴定方法。

二、原理

氮、磷是元素周期表中第 15（ⅤA）族的元素。

氨是氮的重要氢化物。氨能与酸形成铵盐。铵盐遇强碱就会放出氨气。因此铵盐的鉴定方法：①用 pH 试纸检验铵盐遇强碱放出的气体，它可使 pH 试纸变蓝色；②用奈斯勒试剂（K_2HgI_4 的碱性溶液）与 NH_4^+ 反应，产生红棕色沉淀。

硝酸是氮的主要含氧酸，它是强酸，又具有强氧化性。它被还原后的主要产物随金属和硝酸浓度不同而不同。浓硝酸与金属反应被还原成 NO_2；稀硝酸与金属反应一般被还原成 NO；极稀的硝酸与活泼金属反应能被还原成 NH_4^+。稀硝酸与非金属一般不反应。硝酸的热稳定性差。

硝酸盐都溶于水，NO_3^- 的鉴定可用生成棕色环的特征反应。在硫酸介质中 NO_3^- 与 $FeSO_4$ 反应：

$$NO_3^- + 3Fe^{2+} + 4H^+ \longrightarrow 3Fe^{3+} + 2H_2O + NO\uparrow$$

$$NO + Fe^{2+} + SO_4^{2-} \longrightarrow [Fe(NO)]SO_4（棕色环）$$

NO_2^- 也可发生上述棕色环反应，两者区别在于介质的酸性不同。NO_2^- 在醋酸的条件下就可反应，而 NO_3^- 则必须以浓硫酸为介质。

亚硝酸可通过稀硫酸与亚硝酸盐作用制得，但亚硝酸不稳定，易分解。

$$2HNO_2 \underset{冷}{\overset{热}{\rightleftharpoons}} H_2O + N_2O_3 \underset{冷}{\overset{热}{\rightleftharpoons}} H_2O + NO\uparrow + NO_2\uparrow$$

N_2O_3 在水溶液中呈浅蓝色，不稳定，进一步分解为 NO 和 NO_2。

亚硝酸及其盐中 N 的氧化态为 +3，处于中间氧化态，所以它既可做氧化剂，又可做还原剂。在酸性介质中主要表现氧化性。

$$2HNO_2 + 2I^- + 2H^+ \longrightarrow 2NO\uparrow + I_2 + 2H_2O$$

$$2MnO_4^- + 5HNO_2 + H^+ \longrightarrow 2Mn^{2+} + 5NO_3^- + 3H_2O$$

磷酸是非挥发性的中强酸，可形成三种类型的盐：正磷酸盐、磷酸氢盐和磷酸二氢盐。在各类磷酸盐中加入 $AgNO_3$，都得到 Ag_3PO_4 的黄色沉淀。

磷酸的各种钙盐在水中的溶解度不同。$Ca(H_2PO_4)_2$ 易溶于水，$CaHPO_4$ 和 $Ca_3(PO_4)_2$ 都难溶于水，但都溶于盐酸。

在磷酸根溶液中加入浓 HNO_3，及过量的钼酸铵 $[(NH_4)_2MoO_4]$ 溶液、微热，有黄色磷钼酸铵沉淀生成：

$$PO_4^{3-} + 12MoO_4^{2-} + 24H^+ + 3NH_4^+ \longrightarrow (NH_4)_3PO_4 \cdot 12MoO_3\downarrow + 12H_2O$$

这个反应可用作鉴定 PO_4^{3-}。

三、仪器、药品和材料

仪器：烧杯、酒精灯、试管、滴管、表面皿、三脚架、石棉网。

药品：$KI(0.1mol \cdot L^{-1})$、$Na_3PO_4(0.1mol \cdot L^{-1})$、$Na_2HPO_4(0.1mol \cdot L^{-1})$、$NaH_2PO_4(0.1mol \cdot L^{-1})$、$CaCl_2(0.1mol \cdot L^{-1})$、$AgNO_3(0.1mol \cdot L^{-1})$、$(NH_4)_2MoO_4(0.1mol \cdot L^{-1})$、$KNO_3(0.1mol \cdot L^{-1})$、$NaNO_2(0.1mol \cdot L^{-1}$、饱和)、$KMnO_4(0.01mol \cdot L^{-1})$、$HAc(2mol \cdot L^{-1})$、$HCl(2mol \cdot L^{-1})$、$H_2SO_4(2mol \cdot L^{-1}$、$6mol \cdot L^{-1}$、浓)、$HNO_3(2mol \cdot L^{-1}$、浓)、$NaOH(6mol \cdot L^{-1})$、$NH_3 \cdot H_2O(2mol \cdot L^{-1})$、奈斯勒试剂、$FeSO_4 \cdot 7H_2O$(固)、硫黄粉、$Cu(NO_3)_2$（固）、铜片、锌片。

材料：pH 试纸、红色石蕊试纸、滤纸片、冰、火柴。

四、实验内容

1. 硝酸和硝酸盐的性质

（1）硝酸的氧化性

① 浓硝酸与非金属的反应往少量硫黄粉中加入 1mL 浓硝酸，加热煮沸，冷却，检验溶液中有无 SO_4^{2-} 存在。写出反应方程式。

② 浓硝酸与金属的反应取一小块铜片于试管中，再加入 1mL 浓硝酸，观察观象，写出反应方程式。

③ 稀硝酸与金属作用取一小块铜片加入 10 滴 $2mol \cdot L^{-1}$ 硝酸，微热，观察现象，与上一反应有何不同，写出反应方程式。

④ 极稀硝酸与活泼金属的反应取两小块锌片放入装有 2mL 蒸馏水的试管中，加 2 滴 $2mol \cdot L^{-1}$ HNO_3，放置片刻，检验溶液中有无 NH_4^+ 存在，写出反应方程式。

（2）硝酸盐的热分解　在一干燥试管中加入少量固体 $Cu(NO_3)_2$，在通风橱（口）处加热，观察反应情况、产物颜色和状态。并将一带余烬的火柴伸入试管中，有何现象，写出反应方程式。

2. 亚硝酸和亚硝酸盐的性质

(1) 亚硝酸的生成和分解　在冰水浴中冷却 1mL 饱和 $NaNO_2$ 溶液，再加入 1mL 6mol·L^{-1} H_2SO_4 溶液（已经冰水浴冷却），观察 HNO_2 的生成及分解情况，并记录产物颜色，写出反应方程式。

(2) 亚硝酸盐的氧化还原性

① 取 1mol·L^{-1} KI 溶液 2 滴加入 2mol·L^{-1} H_2SO_4 2 滴，然后逐滴加入饱和 $NaNO_2$ 溶液，观察现象，检验产物中 I_2 的生成，写出反应方程式。

② 取 0.01mol·L^{-1} $KMnO_4$ 溶液 2 滴，加入 2 滴 2mol·L^{-1} H_2SO_4 酸化，然后逐滴加入饱和 $NaNO_2$ 溶液，观察现象，写出反应方程式。

3. 磷酸盐的性质

(1) 酸碱性　用 pH 试纸检验 0.1mol·L^{-1} Na_3PO_4、0.1mol·L^{-1} Na_2HPO_4，0.1mol·L^{-1} NaH_2PO_4 溶液的 pH。然后取上述三种溶液各 3 滴置于三支试管中，分别加入 8 滴 0.1mol·L^{-1} $AgNO_3$ 溶液，观察现象，并检验反应后各溶液的 pH 有无变化。解释现象，写出反应方程式。

(2) 溶解性　在三支试管中分别加入 0.1mol·L^{-1} Na_3PO_4、0.1mol·L^{-1} Na_2HPO_4、0.1mol·L^{-1} NaH_2PO_4 溶液各 5 滴，再各加入 10 滴 0.1mol·L^{-1} $CaCl_2$ 溶液，观察现象。然后再各加入几滴 2mol·L^{-1} NH_3·H_2O，有何变化？最后再各加入 2mol·L^{-1} HCl 溶液，又有何变化？比较三种钙盐的溶解性，说明它们相互转化的条件，写出反应方程式。

4. NH_4^+、NO_3^-、NO_2^-、PO_4^{3-} 的鉴定

(1) NH_4^+ 的鉴定　取两个干燥的表面皿，在一个表面皿内滴入 2 滴 6mol·L^{-1} NaOH 和待测溶液 2 滴，在另一个表面皿的凹面上贴上湿的红色石蕊试纸或浸有奈斯勒试剂的滤纸条，并把它扣在前一个表面皿上，做成气室，在水浴上加热，若红色石蕊试剂变蓝或奈斯勒试纸变红棕色，示有 NH_4^+ 存在。

或者取 2 滴待测溶液于试管中，加 2 滴奈斯勒试剂，有红棕色沉淀生成，示有 NH_4^+。

(2) NO_3^- 的鉴定　取 2 滴 0.1mol·L^{-1} KNO_3 溶液和少量 $FeSO_4$·$7H_2O$ 晶体，振荡溶解后，稍倾斜试管，沿试管壁慢慢加入浓 H_2SO_4，观察浓 H_2SO_4 和液面交界处棕色环的生成。

(3) NO_2^- 的鉴定　取 2 滴 0.1mol·L^{-1} $NaNO_2$ 溶液，用 2mol·L^{-1} HAc 酸化再加入少量 $FeSO_4$·$7H_2O$ 晶体，如出现棕色证明有 NO_2^- 存在。

(4) PO_4^{3-} 的鉴定　取 2 滴 0.1mol·L^{-1} Na_3PO_4 溶液，加入 10 滴浓 HNO_3，再加入 20 滴钼酸铵试剂，微热至 40～50℃，若有黄色沉淀生成，示有 PO_4^{3-} 存在。

注：

1. NO_2 是有毒的气体，空气中允许含量不得超过 0.005mg·L^{-1}。凡有 NO_2、NO（能迅速

被空气氧化为 NO_2，且 NO 亦有毒）气体放出的实验都应在通风橱（口）处进行。

2. 奈斯勒试剂是 $K_2(HgI_4)$ 的 KOH 溶液，与 NH_3 反应生成黄色或红棕色的碘化氨基氧汞（II）($HgO \cdot HgNH_2I$）沉淀反应式如下：

$$NH_3 + 2[HgI_4]^{2-} + 3OH^- \longrightarrow HgO \cdot HgNH_2I \downarrow + 7I^- + 2H_2O$$

3. 用棕色环实验鉴定 NO_3^- 时，加入浓硫酸后，试管不要摇动，否则不易看到棕色环。

4. 加热分解 $Cu(NO_3)_2$ 时所用的试管应是干燥的。

五、思考题

1. 稀硝酸对金属的作用与稀硫酸或稀盐酸对金属的作用有何不同？为什么一般情况下不用硝酸作为酸性反应的介质？

2. 现有硝酸钠和亚硝酸钠两瓶溶液，没有标签，试设计三种辨别它们的方案。

3. 欲用酸溶解磷酸银沉淀，在盐酸、硫酸和硝酸三种酸中，选用哪一种最适宜，为什么？

4. 试以 Na_2HPO_4 和 NaH_2PO_4 为例说明酸式盐溶液是否都呈酸性。

实验十六　锡、铅、锑、铋

一、目的

1. 了解锡、铅、锑、铋的氢氧化物的酸碱性；低氧化态化合物的还原性，高氧化态化合物的氧化性；盐类水解及硫化物和难溶盐的性质。

2. 学会锡、铅、锑、铋的离子鉴定。

二、原理

锡、铅是元素周期表中第 14（IVA）族元素，可形成 +2、+4 氧化态的化合物。锑、铋是第 15（VA）族元素，可形成氧化态为 +3、+5 的化合物。

锡、铅和锑的氢氧化物都呈两性，而铋的低氧化态氢氧化物只呈碱性。

锡、铅、锑、铋的盐类都易水解，因此配制这些盐类的水溶液时，必须将其溶解在相应的酸中以抑制水解。

锡、铅、锑、铋都能生成有颜色的难溶硫化物，它们均不溶于稀酸。锑（III）、锡（IV）、锑（V）硫化物因呈酸性（其中 SnS_2、Sb_2S_5 是两性偏酸性，Sb_2S_3 两性），可溶于碱金属硫化物中，生成硫代酸盐。硫代酸盐只能存在于中性或碱性介质中，遇酸分解成相应的硫化物和放出硫化氢气体。SnS、PbS 和 Bi_2S_3 由于呈碱性，不能溶于碱金属硫化物中。但 SnS 可被 Na_2S_2 氧化生成 Na_2SnS_3 而溶解。

铅（IV）、铋（V）化合物是较强的氧化剂，在酸性介质中能氧化 Mn^{2+}、Cl^- 等。

$$5PbO_2 + 2Mn^{2+} + 5SO_4^{2-} + 4H^+ \longrightarrow 5PbSO_4 + 2MnO_4^- + 2H_2O$$

$$5NaBiO_3 + 2Mn^{2+} + 14H^+ \longrightarrow 2MnO_4^- + 5Bi^{3+} + 5Na^+ + 7H_2O$$

锡（II）具有较强的还原性，在碱性介质中，能将 $Bi(OH)_3$ 还原为金属铋。

$$3SnO_2^{2-} + 2Bi(OH)_3 \longrightarrow 3SnO_3^{2-} + 2Bi \downarrow + 3H_2O$$

或　　　　$3[Sn(OH)_4]^{2-}+2Bi(OH)_3 \longrightarrow 3[Sn(OH)_6]^{2-}+2Bi\downarrow$（黑色）

此反应可用以鉴定 Sn^{2+} 或 Bi^{3+}。

铅能生成很多难溶化合物，例如：

$$Pb^{2+}+CrO_4^{2-} \longrightarrow PbCrO_4\downarrow \quad （黄色）$$

此反应可用来鉴定 Pb^{2+} 或 CrO_4^{2-}。

在酸性介质中，将 $SnCl_2$ 滴加至 $HgCl_2$ 溶液中进行如下反应：

$$2HgCl_2+SnCl_2（适量）\longrightarrow SnCl_4+Hg_2Cl_2\downarrow（白色）$$

$$HgCl_2+SnCl_2（过量）\longrightarrow SnCl_4+Hg\downarrow（黑色）$$

此反应可用来鉴定 Sn^{2+} 或 Hg^{2+}。

三、仪器、药品和材料

仪器：离心机、离心试管。试管、滴管、烧杯、表面皿、酒精灯、三脚架、石棉网。

药品：$Pb(NO_3)_2$（$0.1mol \cdot L^{-1}$）、$SnCl_2$[$0.1mol \cdot L^{-1}$（新配）]、$HgCl_2$（$0.1mol \cdot L^{-1}$）、$MnSO_4$（$0.1mol \cdot L^{-1}$）、KI（$0.1mol \cdot L^{-1}$、饱和）、K_2CrO_4（$0.1mol \cdot L^{-1}$）、$SbCl_3$（$0.1mol \cdot L^{-1}$）、$BiCl_3$（$0.1mol \cdot L^{-1}$）、Na_2S（$1mol \cdot L^{-1}$）、Na_2S_2（$1mol \cdot L^{-1}$）、$NaNO_2$（$1mol \cdot L^{-1}$）、NH_4Ac（饱和）、HCl（$2mol \cdot L^{-1}$、$6mol \cdot L^{-1}$、浓）、HNO_3（$2mol \cdot L^{-1}$、$6mol \cdot L^{-1}$）、H_2SO_4（$2mol \cdot L^{-1}$）、H_2S（饱和溶液）、$NaOH$（$2mol \cdot L^{-1}$、$6mol \cdot L^{-1}$）、罗丹明B、PbO_2（固）、$NaBiO_3$（固）、$SnCl_2$（固）、$SbCl_3$（固）、$BiCl_3$（固）、锌粉、混合液（Sn^{2+}、Sb^{2+}、Bi^{3+}）。

材料：pH 试纸。

四、实验内容

1. 氢氧化物的酸碱性

取 4 支试管分别加入 $0.1mol \cdot L^{-1}SnCl_2$、$0.1mol \cdot L^{-1}Pb(NO_3)_2$、$0.1mol \cdot L^{-1}SbCl_3$、$0.1mol \cdot L^{-1}BiCl_3$，各滴加 $2mol \cdot L^{-1}NaOH$ 溶液，观察沉淀的产生，然后分别加入稀酸和稀碱，观察沉淀有何变化。检验它们的酸碱性（注意试验碱性时应选用的酸），将结果填入表 16-1。

表 16-1　Sn(Ⅱ)、Pb(Ⅱ)、Sb(Ⅲ)、Bi(Ⅲ)氢氧化物的酸碱性

离　　子		Sn^{2+}	Pb^{2+}	Sb^{3+}	Bi^{3+}
氢氧化物	盐＋NaOH 现象				
	加入 NaOH 现象				
	加入酸现象				
	结论				

2. 氧化还原性

(1) 锡（Ⅱ）的还原性

① 取 $0.1mol \cdot L^{-1}HgCl_2$ 溶液 2 滴，滴加 $0.1mol \cdot L^{-1}SnCl_2$ 溶液，静置片

刻观察沉淀颜色的变化。

② 取 $0.1mol \cdot L^{-1} SnCl_2$ 溶液 3 滴，逐滴加入过量的 $2mol \cdot L^{-1} NaOH$ 溶液至最初生成的沉淀刚溶解完，滴加 $0.1mol \cdot L^{-1} BiCl_3$ 溶液 2 滴，观察现象，写出反应方程式。

(2) 铅（Ⅳ）的氧化性

① 在少量固体 PbO_2 上滴加浓 HCl，现象观察，写出反应方程式。

② 在少量固体 PbO_2 上加入 2mL $6mol \cdot L^{-1} HNO_3$ 酸化，再加 2 滴 $0.1mol \cdot L^{-1} MnSO_4$，微热，静置澄清，观察溶液颜色。

(3) 铋（Ⅴ）的氧化性 取 1 滴 $0.1mol \cdot L^{-1} MnSO_4$，以 1mL $6mol \cdot L^{-1} HNO_3$ 酸化，加入少量固体 $NaBiO_3$，振荡并微热，观察溶液颜色有何变化？写出反应方程式。

3. 盐类水解性

(1) 取少量固体 $SnCl_2$ 用蒸馏水溶解，有何现象？溶液的酸碱性如何？往溶液中滴加 $2mol \cdot L^{-1} HCl$ 溶液后有何变化？再稀释后又有何变化？解释并写出反应方程式。

(2) 分别用少量固体 $SbCl_3$ 和固体 $BiCl_3$ 代替 $SnCl_2$，重复上述实验，观察现象。

4. 铅的难溶盐的生成和性质

在 5 支试管中各加入 $0.1mol \cdot L^{-1} Pb(NO_3)_2$ 溶液 5 滴，然后分别加入 $2mol \cdot L^{-1} HCl$，$2mol \cdot L^{-1} H_2SO_4$，$0.1mol \cdot L^{-1} KI$，$0.1mol \cdot L^{-1} K_2CrO_4$，$1mol \cdot L^{-1} Na_2S$ 溶液，观察沉淀的生成。然后做以下实验。

(1) 试验 $PbCl_2$ 在冷水和热水中的溶解情况。

(2) 试验 PbI_2 在饱和 KI 溶液中的溶解情况。

(3) 试验 $PbCrO_4$ 在稀 HNO_3 中的溶解性。

(4) 试验 $PbSO_4$ 在饱和 NH_4Ac 中的溶解性。

5. 硫化物的生成和性质

取 4 支试管分别加入 $0.1mol \cdot L^{-1} SnCl_2$，$0.1mol \cdot L^{-1} Pb(NO_3)_2$，$0.1mol \cdot L^{-1} SbCl_3$，$0.1mol \cdot L^{-1} BiCl_3$，各加入饱和 H_2S 水溶液。现象观察。然后试验各硫化物沉淀在 $6mol \cdot L^{-1} HCl$，$1mol \cdot L^{-1} Na_2S$ 溶液，$1mol \cdot L^{-1} Na_2S_2$ 溶液和 $2mol \cdot L^{-1} NaOH$ 溶液中的溶解情况。将观察到的现象填入表 16-2 中。如果在 Na_2S 和 Na_2S_2 中能溶解的沉淀，再加入 $6mol \cdot L^{-1} HCl$ 酸化后，又有何现象？

表 16-2 硫化物的性质

硫 化 物	SnS	PbS	Sb_2S_3	Bi_2S_3
沉淀颜色				
加 $6mol \cdot L^{-1} HCl$				
加 $1mol \cdot L^{-1} Na_2S$				
加 $1mol \cdot L^{-1} Na_2S_2$				
加 $2mol \cdot L^{-1} NaOH$				

*6. Sn^{2+}、Sb^{3+}、Bi^{3+} 混合液的分离鉴定

（1）取混合液 10 滴于离心试管中，滴加 $1mol \cdot L^{-1}Na_2S$ 溶液至沉淀生成后又有部分沉淀溶解，水浴加热，离心分离。

（2）在第（1）步离心分离后，取出溶液于另一离心试管中，加入 $2mol \cdot L^{-1}HCl$，出现沉淀，离心分离，弃去清液。往沉淀中加入浓 HCl，使沉淀溶解，再加入 $1mol \cdot L^{-1}NaNO_2$，充分搅拌，加罗丹明 B 试剂 2 滴，溶液呈紫色，示有 Sb^{3+}。

（3）在第（1）步离心分离后的沉淀中，加入 $1mol \cdot L^{-1}Na_2S_2$ 溶液，充分搅拌，离心分离。沉淀留下一步实验用。溶液加入 $2mol \cdot L^{-1}HCl$，出现沉淀，离心分离，弃去清液。沉淀中加入浓 HCl，使之溶解，再加入少许锌粉，充分搅拌。反应完毕后，在清液中滴加 $0.1mol \cdot L^{-1}HgCl_2$ 2 滴，有白色沉淀生成，静置片刻白色沉淀变灰黑色，示有 Sn^{2+}。

（4）在第（3）步离心分离的沉淀中加入 $2mol \cdot L^{-1}$ 硝酸。水浴加热，充分搅拌，使沉淀溶解。再加入 $6mol \cdot L^{-1}NaOH$ 数滴，产生白色沉淀。继续加入亚锡酸钠（自制），白色沉淀变黑，示有 Bi^{3+}。

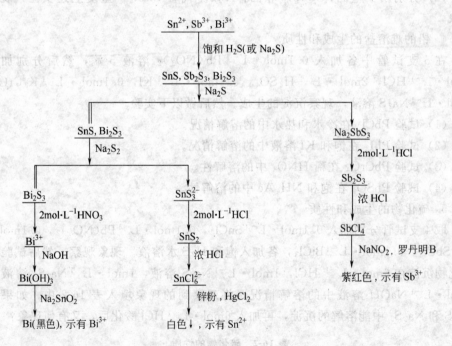

注：

1. $HgCl_2$ 有毒，使用时应注意。

2. 罗丹明 B 为一红色染料，在浓 HCl 溶液中与 Sb（V）生成紫色或蓝色的微细沉淀。Sb（Ⅲ）与试剂不反应。因此需用 $NaNO_2$ 将 Sb（Ⅲ）氧化成 Sb（V）。

3. $HgCl_2$ 不与 Sn（Ⅳ）反应，所以加 $HgCl_2$ 之前需用 Zn 粉把 $SnCl_6^{2-}$ 先还原成 $SnCl_4^{2-}$，才

能检出 $Sn(Ⅱ)$。

五、思考题

1. 实验室配制 $SnCl_2$ 溶液时，为什么要将 $SnCl_2$ 溶解在 HCl 溶液中，并加入 Sn 粒？

2. 试验 $Pb(OH)_2$ 的碱性时，应使用何种酸？为什么？

3. 如在 Na_3SbO_3 溶液中加入 Na_2S 或 H_2S，能否制得 Sb_2S_3？为什么？怎样才能制得 Sb_2S_3？

4. 如何配制少量亚锡酸钠溶液？

5. 如何分离混合液中的 Sn^{2+} 和 Pb^{2+}？

实验十七　铬、锰

一、目的

1. 掌握铬、锰的各种氧化态化合物的生成和性质。

2. 了解铬、锰化合物的氧化还原性及介质对氧化还原性的影响。

二、原理

铬是元素周期表中第 6（ⅥB）族元素。主要氧化态为 +2、+3、+6，其中氧化态为 +2 的化合物不稳定。

锰是元素周期表中第 7（ⅦB）族元素。主要氧化态为 +2、+3、+4、+6、+7，其中氧化态为 +3 的化合物不稳定。

铬（Ⅲ）主要以铬盐和亚铬酸盐的形式存在。向 $CrCl_3$ 溶液中加入 NaOH，产生 $Cr(OH)_3$ 沉淀，它具有两性。

在酸性介质中 Cr^{3+} 的还原性很弱，而在碱性介质中 $Cr(Ⅲ)$ 具有较强的还原性。在碱性介质中，$Cr(Ⅲ)$ 可被氧化为 $Cr(Ⅵ)$。

$$2CrO_2^- + 3H_2O_2 + 2OH^- \longrightarrow 2CrO_4^{2-} + 4H_2O$$

铬（Ⅵ）的化合物在酸性介质中主要为 $Cr_2O_7^{2-}$，在碱性介质中主要为 CrO_4^{2-}，两者在水溶液中存在下列平衡：

$$2CrO_4^{2-} + 2H^+ \Longleftrightarrow Cr_2O_7^{2-} + H_2O$$

（黄色）　　　　　（橙色）

若向溶液中加 Ba^{2+}、Pb^{2+}、Ag^+ 等离子，由于铬酸盐的溶度积更小。平衡向生成 CrO_4^{2-} 的方向移动，最后将得到相应的铬酸盐沉淀，溶液的酸度也相应增加。

例如：　　　$2Ba^{2+} + Cr_2O_7^{2-} + H_2O \longrightarrow 2BaCrO_4 \downarrow + 2H^+$

在酸性条件下重铬酸盐具有氧化性，$K_2Cr_2O_7$ 是常见的氧化剂，其还原产物是 Cr^{3+}。

锰（Ⅱ）盐遇碱生成白色 $Mn(OH)_2$ 沉淀，它在空气中极易被氧化成 $MnO(OH)_2$，即 $MnO_2 \cdot H_2O$。在酸性介质中 Mn^{2+} 遇强氧化剂如 PbO_2、

$NaBiO_3$、$K_2S_2O_8$ 等可被氧化为 MnO_4^-。

MnO_2 是难溶于水的黑褐色物质。由于其中 Mn 处于中间氧化态，所以它既可做氧化剂，又可做还原剂。但以氧化性为主，尤其是在酸性介质中是一较强的氧化剂。如：

$$MnO_2 + 4HCl(浓) \xrightarrow{\triangle} MnCl_2 + Cl_2 \uparrow + 2H_2O$$

此反应是实验室制备氯气的方法。

$KMnO_4$ 是强氧化剂，其还原产物受溶液介质酸碱性的影响。

MnO_4^- 与 Mn^{2+} 作用，发生逆歧化生成 MnO_2。

$$2MnO_4^- + 3Mn^{2+} + 2H_2O \longrightarrow 5MnO_2 \downarrow + 4H^+$$

三、仪器、药品和材料

仪器：离心机、离心试管、烧杯、试管、滴管、表面皿、蒸发皿、酒精灯。

药品：$CrCl_3$（$0.1mol \cdot L^{-1}$）、K_2CrO_4（$0.1mol \cdot L^{-1}$）、$AgNO_3$（$0.1mol \cdot L^{-1}$）、$K_2Cr_2O_7$（$0.1mol \cdot L^{-1}$、饱和）、$BaCl_2$（$0.1mol \cdot L^{-1}$）、$Pb(NO_3)_2$（$0.1mol \cdot L^{-1}$）、Na_2S（$2mol \cdot L^{-1}$）、$MnSO_4$（$0.05mol \cdot L^{-1}$、$0.1mol \cdot L^{-1}$）、$KMnO_4$（$0.01mol \cdot L^{-1}$、$0.1mol \cdot L^{-1}$）、Na_2SO_3（$0.5mol \cdot L^{-1}$，新配）、H_2SO_4（$2mol \cdot L^{-1}$、浓）、HCl（$2mol \cdot L^{-1}$、浓）、HNO_3（$2mol \cdot L^{-1}$）、$NaOH$（$2mol \cdot L^{-1}$）、H_2S（饱和溶液）、$NaBiO_3$（固）、$K_2S_2O_8$（固）、H_2O_2[3%（质量分数）]、乙醇[95%（体积分数）]。

材料：冰、滤纸。

四、实验内容

1. 铬

(1) 铬（Ⅲ）化合物的性质

① 氢氧化铬的生成和性质　用 $0.1mol \cdot L^{-1}CrCl_3$ 和 $2mol \cdot L^{-1}NaOH$ 作用，生成灰绿色 $Cr(OH)_3$ 沉淀。分别用少量稀酸、稀碱检验其酸碱性，写出反应方程式。

② 铬（Ⅲ）的还原性

a. 在 $0.1mol \cdot L^{-1}CrCl_3$ 溶液中加入过量 $2mol \cdot L^{-1}NaOH$，再加入 $3\%H_2O_2$ 溶液，加热，观察溶液颜色的变化，解释现象并写出反应方程式。

b. 向两支盛有 $0.1mol \cdot L^{-1}CrCl_3$ 溶液的试管中，向一支试管中加入 8 滴 3% H_2O_2 溶液，向另一支试管中加入 1 滴 $0.1mol \cdot L^{-1}AgNO_3$ 和少量 $K_2S_2O_8$ 晶体，再往两支试管中各加入 $2mol \cdot L^{-1}H_2SO_4$，加热片刻，观察现象，解释现象并写出有关反应方程式。

③ 铬盐的水解　向 $0.1mol \cdot L^{-1}CrCl_3$ 溶液中滴加 $2mol \cdot L^{-1}Na_2S$，观察现象。通过自行设计实验证明沉淀是 Cr_2S_3 还是 $Cr(OH)_3$。

(2) 铬（Ⅵ）化合物的性质

① 铬酸盐和重铬酸盐的相互转变 在 3 滴 $0.1mol \cdot L^{-1} K_2Cr_2O_7$ 溶液中加入 5 滴 $2mol \cdot L^{-1} NaOH$，观察颜色变化。再加入数滴 $2mol \cdot L^{-1} H_2SO_4$ 酸化，又有何变化，解释现象。

② 难溶盐的生成

a. 用 $0.1mol \cdot L^{-1} K_2Cr_2O_7$ 溶液分别与 $0.1mol \cdot L^{-1} BaCl_2$，$0.1mol \cdot L^{-1} Pb(NO_3)_2$，$0.1mol \cdot L^{-1} AgNO_3$ 作用，观察沉淀颜色。

b. 用 $0.1mol \cdot L^{-1} K_2CrO_4$ 代替 $K_2Cr_2O_7$，重复上面的实验，观察沉淀的颜色有无不同。

③ CrO_3 的生成和性质 将盛有 1mL 饱和 $K_2Cr_2O_7$ 溶液的试管放在冰水中冷却，再滴加 2mL 用冰水冷却过的浓硫酸，并继续冷却至结晶析出，取一些结晶放在蒸发皿上，滴加 95％乙醇至反应完毕，观察现象。

④ 铬（Ⅵ）化合物氧化性

a. $0.1mol \cdot L^{-1} K_2Cr_2O_7$ 以 $2mol \cdot L^{-1} H_2SO_4$ 酸化后，逐滴加入 3％H_2O_2 观察现象，写出反应方程式。

b. 自行设计实验说明 $K_2Cr_2O_7$ 能否氧化浓 HCl，验证产物，写出反应方程式。

2. 锰

（1）锰（Ⅱ）化合物的性质

① 氢氧化锰（Ⅱ）的生成和性质 在三支试管中各加入 $0.1mol \cdot L^{-1} MnSO_4$ 数滴，再分别加入 $2mol \cdot L^{-1} NaOH$ 至沉淀生成。振荡一支试管，观察沉淀颜色的变化；另两支试管分别用少量稀酸和稀碱检验生成沉淀的酸碱性。

② Mn^{2+} 的还原性 在盛有 1～2 滴 $0.05mol \cdot L^{-1} MnSO_4$ 溶液的试管中加入 3mL $2mol \cdot L^{-1} HNO_3$，然后加入少量固体 $NaBiO_3$，微热，振荡，静置后，观察溶液的颜色，写出反应方程式。此反应可鉴定 Mn^{2+}。

③ 硫化锰的生成 向 $0.1mol \cdot L^{-1} MnSO_4$ 溶液中滴加饱和 H_2S 水溶液，再逐滴加入 $2mol \cdot L^{-1} NaOH$。观察实验现象，写出反应方程式。

（2）MnO_2 的生成及氧化性 向 $0.1mol \cdot L^{-1} KMnO_4$ 溶液中滴加 $0.1mol \cdot L^{-1} MnSO_4$ 溶液，观察沉淀的生成。然后沉淀用 $2mol \cdot L^{-1} H_2SO_4$ 酸化，逐滴加入 $0.5mol \cdot L^{-1} Na_2SO_3$，观察颜色变化。

（3）高锰酸钾在不同介质中的氧化性 取三支试管，各加入 $0.01mol \cdot L^{-1}$ $KMnO_4$ 溶液 2 滴，分别加入 $2mol \cdot L^{-1} H_2SO_4$、$H_2O$、$2mol \cdot L^{-1} NaOH$，然后再各加 $0.5mol \cdot L^{-1} Na_2SO_3$ 溶液。观察现象，写出反应方程式。

*3. 自行设计方案，分离 Cr^{3+} 和 Mn^{2+} 的混合液，并加以鉴定。

注：

1. $CrCl_3$ 与 Na_2S 反应产物的验证。可将沉淀离心分离，洗涤两次后分成两份。一份加酸，观察沉淀是否溶解，同时有无 H_2S 气体放出［用 $Pb(Ac)_2$ 试纸检验］。另一份加碱，沉淀是否溶解？若沉淀既溶于酸，又溶于碱，且无 H_2S 气体，说明产物是 $Cr(OH)_3$。

2. 饱和 $K_2Cr_2O_7$ 与浓 H_2SO_4 反应生成 CrO_3 时，浓 H_2SO_4 应过量并缓慢加入，适当搅拌使反应温度不要过高。在 CrO_3 的晶体上滴加 95％乙醇，会立即着火，反应方程式为：

$$2CrO_3 + 2C_2H_5OH \longrightarrow CH_3CHO + Cr_2O_3 + CH_3COOH + 2H_2O$$

3. 高锰酸钾在碱性条件下与亚硫酸钠的反应。应先混合亚硫酸和碱溶液，然后再滴加高锰酸钾溶液。因为高锰酸钾在强碱介质中不稳定，易分解。

$$4MnO_4^- + 4OH^- \longrightarrow 4MnO_4^{2-} + O_2 + 2H_2O$$

五、思考题

1. 在试验重铬酸钾氧化性时，用硫酸而不用盐酸酸化，为什么？

2. $K_2Cr_2O_7$ 与 Ba^{2+}、Ag^+、Pb^{2+} 作用，得到的为什么是铬酸盐沉淀？如何使这类反应完全？

3. 定性检验 Mn^{2+} 时，一般用哪些氧化剂？举三例说明。

4. $KMnO_4$ 的氧化性为什么会受介质酸度的影响？

5. 如何分离鉴定 Cr^{3+} 和 Mn^{2+} 的混合液？

实验十八　铁、钴、镍

一、目的

1. 掌握铁、钴、镍氢氧化物的生成和性质。

2. 掌握 Fe(Ⅱ) 的还原性和 Fe(Ⅲ)、Co(Ⅲ)、Ni(Ⅲ) 的氧化性。

3. 了解铁、钴、镍配合物的生成和性质。

4. 掌握 Fe^{2+}、Fe^{3+}、Co^{2+}、Ni^{2+} 的鉴定。

二、原理

铁、钴、镍是元素周期表中第 4 周期第 8、9、10（ⅧB）族元素，又称铁系元素。它们的性质相似，化合物中常见的氧化态是＋2、＋3。

Fe(Ⅱ)、Co(Ⅱ)、Ni(Ⅱ) 的氢氧化物不溶于水，呈碱性，具有不同的颜色。在空气中，白色 $Fe(OH)_2$ 很快被氧化，颜色由白→绿→红棕色，生成 $Fe(OH)_3$；粉红色 $Co(OH)_2$ 缓慢地被氧化成褐色 $Co(OH)_3$；而浅绿色的 $Ni(OH)_2$ 则不会被空气氧化，需用强氧化剂如溴水才能将其氧化为 $Ni(OH)_3$。

$$2NiSO_4 + Br_2 + 6NaOH \longrightarrow 2Ni(OH)_3 + 2NaBr + 2Na_2SO_4$$

$Fe(OH)_3$ 与酸反应得到 Fe(Ⅲ) 盐，而 $Co(OH)_3$ 和 $Ni(OH)_3$ 与盐酸反应时，生成的是 Co(Ⅱ) 和 Ni(Ⅱ) 盐，同时放出 Cl_2。

$$2Co(OH)_3 + 6HCl \longrightarrow 2CoCl_2 + Cl_2 \uparrow + 6H_2O$$

$$2Ni(OH)_3 + 6HCl \longrightarrow 2NiCl_2 + Cl_2 \uparrow + 6H_2O$$

铁盐易水解，由于 $Fe(OH)_3$ 的碱性比 $Fe(OH)_2$ 更弱，所以 Fe^{3+} 比 Fe^{2+} 更易水解。由于水解，Fe^{3+} 盐溶液常呈黄色或棕色。

Fe^{2+} 为还原剂，而 Fe^{3+} 是弱的氧化剂。

　　铁、钴、镍能形成多种配合物。常见的配合物有氰合物、氨合物、硫氰合物。Fe(Ⅱ) 和 Fe(Ⅲ) 都能生成稳定的配合物。Co(Ⅱ) 的配合物不稳定，易被氧化为 Co(Ⅲ) 的配合物。

$$4[Co(NH_3)_6]^{2+} + O_2 + 2H_2O \longrightarrow 4[Co(NH_3)]^{3+} + 4OH^-$$

而 Ni(Ⅱ) 的配合物则比较稳定。

　　铁、钴、镍的某些配合物具有特征的颜色，可以用来鉴定 Fe^{2+}、Fe^{3+}、Co^{2+}、Ni^{2+}。如，Fe^{2+} 与 $K_3[Fe(CN)_6]$ 生成蓝色沉淀，可用来鉴定 Fe^{2+}；Fe^{3+} 与 $K_4[Fe(CN)_6]$ 也可生成蓝色沉淀，此外 Fe^{3+} 还可与 SCN^- 生成血红色 $[Fe(SCN)_n]^{3-n}$ ($n=1\sim6$)，这两个反应都可用于鉴定 Fe^{3+}。Co^{2+} 与 SCN^- 生成宝石蓝色的 $[Co(SCN)_4]^{2-}$，它在水溶液中不稳定，在有机溶剂如丙酮中则能稳定存在，且蓝色更显著。Ni^{2+} 与丁二酮肟生成特征的鲜红色沉淀。

三、仪器、药品和材料

　　仪器：离心机、离心试管、试管、滴管、酒精灯。

　　药品：$CoCl_2$(0.1mol·L^{-1})、$NiSO_4$(0.1mol·L^{-1})、$FeCl_3$(0.1mol·L^{-1})、$KSCN$(0.1mol·L^{-1}、饱和)、KI(0.1mol·L^{-1})、$K_3[Fe(CN)_6]$(0.1mol·L^{-1})、$K_4[Fe(CN)_6]$(0.1mol·L^{-1})、$K_2Cr_2O_7$(0.1mol·L^{-1})、NH_4F(1mol·L^{-1})、$KMnO_4$(0.01mol·L^{-1})、HCl(浓)、H_2SO_4(2mol·L^{-1})、$NaOH$(2mol·L^{-1})、$NH_3·H_2O$(2mol·L^{-1}、6mol·L^{-1}、浓)、H_2O_2[3%(质量分数)]、溴水、丙酮、淀粉[5%(质量分数)]、丁二酮肟[1%(质量分数)]、$FeSO_4·7H_2O$(固)、NH_4Cl(固)。

　　材料：pH 试纸、滤纸条。

四、实验内容

　　1. 铁、钴、镍的氢氧化物

　　(1) Fe(Ⅱ)、Co(Ⅱ)、Ni(Ⅱ) 氢氧化物的生成和性质

　　① $Fe(OH)_2$ 的制备和性质　在一试管中加入 2mL 蒸馏水、2 滴 2mol·L^{-1} H_2SO_4，煮沸片刻，然后在其中溶解少许 $FeSO_4·7H_2O$ 晶体；在另一试管中加入 1mL 2mol·L^{-1}NaOH 溶液，煮沸。用滴管吸取该溶液后，插入 $FeSO_4$ 液面之下，轻轻挤出 NaOH 溶液(不要挤出气泡，同时不要摇动试管)观察 $Fe(OH)_2$ 的生成。然后摇匀，静置片刻，观察颜色的变化，解释现象并写出反应方程式。

　　② $Co(OH)_2$ 的生成和性质　在两支试管中各加入 5 滴 0.1mol·L^{-1}CoCl_2 和数滴 2mol·L^{-1}NaOH，观察碱式盐沉淀的生成。振荡试管或微热，再观察沉淀的颜色。

　　然后取其中一支试管静置，观察沉淀颜色的变化。

　　在第二支试管中滴加 3%H_2O_2，观察沉淀颜色的变化，写出反应方程式(保

留此溶液，供下面实验使用）。

③ Ni(OH)$_2$ 的生成和性质　在两支试管中各加入少量 0.1mol·L^{-1}NiSO$_4$ 和 2mol·L^{-1}NaOH，观察 Ni(OH)$_2$ 沉淀的产生。振荡试管使沉淀充分接触空气，沉淀有何变化？向其中一支试管中加入 3‰ H$_2$O$_2$ 溶液；在另一支试管中加入溴水（保留此溶液，供下面实验用），观察现象，写出反应方程式。

根据上述实验结果，比较 Fe(OH)$_2$、Co(OH)$_2$、Ni(OH)$_2$ 的还原性的大小。

(2) Fe(Ⅲ)、Co(Ⅲ)、Ni(Ⅲ) 氢氧化物的性质

① Fe(OH)$_3$ 的生成和性质　在 2～3 滴 0.1mol·L^{-1}FeCl$_3$ 溶液中加入 2mol·L^{-1}NaOH，观察沉淀的颜色，然后加数滴浓 HCl，微热，检验有无 Cl$_2$ 产生。

② Co(OH)$_3$ 的性质　向前面实验制取的 Co(OH)$_3$ 沉淀中加入浓 HCl，加热，检验有无 Cl$_2$ 产生。

③ Ni(OH)$_3$ 的性质　向前面实验制取的 Ni(OH)$_3$ 沉淀中加入浓 HCl，加热，检验有无 Cl$_2$ 产生。

根据以上实验的结果，比较 Fe(Ⅲ)、Co(Ⅲ)、Ni(Ⅲ) 的氧化性。

2. 铁盐的性质

(1) 铁盐的水解

① 用蒸馏水溶解少量 FeSO$_4$·7H$_2$O 晶体，用 pH 试纸测溶液的 pH，保留溶液供下面实验使用。

② 在试管中加入 1mL 0.1 mol·L^{-1}FeCl$_3$ 溶液，测其 pH，然后加热，有何现象，解释之。

(2) 铁(Ⅱ) 盐的还原性　往实验 (1) ① 留下的 FeSO$_4$ 溶液中，加入 2mol·L^{-1}H$_2$SO$_4$ 酸化，把溶液分做两份。其中一份加入 0.01mol·L^{-1}KMnO$_4$；另一份滴入 0.1mol·L^{-1}K$_2$Cr$_2$O$_7$，各有何现象，写出反应方程式。

(3) 铁(Ⅲ) 盐的氧化性　自行设计实验，用 0.1mol·L^{-1}KI 检验 FeCl$_3$ 的氧化性，写出反应方程式。

3. 铁、钴、镍的配合物

(1) 铁的配合物

① 自配 FeSO$_4$ 溶液，滴加 0.1mol·L^{-1}K$_3$[Fe(CN)$_6$]，观察现象，写出反应方程式，该反应可用于鉴定 Fe^{2+}。

② 在 2 滴 0.1mol·L^{-1}FeCl$_3$ 溶液中滴加 0.1mol·L^{-1}K$_4$[Fe(CN)$_6$]，观察现象，写出反应方程式，该反应可用于鉴定 Fe^{3+}。

③ 在 2 滴 0.1mol·L^{-1}FeCl$_3$ 溶液中滴加 0.1mol·L^{-1}KSCN，观察现象（该反应亦可用于鉴定 Fe^{3+}）。然后再滴加 1mol·L^{-1}NH$_4$F 溶液，有何变化，解释并写出反应方程式。

(2) 钴的配合物

① 在 0.1mol·L^{-1}CoCl$_2$ 溶液中加入饱和 KSCN 溶液，再加入丙酮，振荡试

管，观察现象，写出反应方程式。该反应可用来鉴定 Co^{2+}。

② 在 $0.1mol \cdot L^{-1}CoCl_2$ 溶液中加入少许固体 NH_4Cl，然后滴加浓 $NH_3 \cdot H_2O$，观察溶液颜色，静置一段时间后，溶液颜色有何变化，解释并写出反应方程式。

（3）镍的配合物

① 在 $0.1mol \cdot L^{-1}NiSO_4$ 溶液中加入少许固体 NH_4Cl，然后滴加 $6mol \cdot L^{-1}NH_3 \cdot H_2O$，直至沉淀刚好溶解，观察现象，写出反应方程式。

② 在 $0.1mol \cdot L^{-1}NiSO_4$ 溶液中，加入 $2mol \cdot L^{-1}NH_3 \cdot H_2O$，再加 2 滴 1%丁二酮肟，观察现象。

4. 自行设计一方案，分离 Fe^{3+}、Co^{2+}、Ni^{2+} 的混合液，并加以鉴定。

注：

1. $Co(OH)_2$ 刚生成时是蓝色，后变粉红色。粉红色的 $Co(OH)_2$ 较稳定。

2. 分离鉴定 Fe^{3+}、Co^{2+}、Ni^{2+} 时应注意，Fe^{3+} 干扰 Co^{2+} 的鉴定，应先将 Fe^{3+} 分离或掩蔽起来，通常采用加入 NH_4F 或 NaF 的方法将 Fe^{3+} 掩蔽，Co^{2+}、Ni^{2+} 的鉴定互不干扰。

五、思考题

1. 制备 $Fe(OH)_2$ 时，$Fe(Ⅱ)$ 盐溶液和 $NaOH$ 溶液反应前为什么要先煮沸片刻？

2. 如何实现下列物质的相互转化：氯化亚铁和氯化铁；硫酸亚铁和硫酸铁？

3. 为什么在碱性介质中 Cl_2 可把 $Co(Ⅱ)$ 氧化为 $Co(Ⅲ)$，而在酸性介质中 $Co(Ⅲ)$ 又能把 Cl^- 氧化为 Cl_2？

4. 怎样鉴定 Fe^{2+}、Fe^{3+}、Co^{2+}、Ni^{2+}？

实验十九　铜、银、锌、镉、汞

一、目的

1. 了解铜、银、锌、镉、汞氧化物和氢氧化物的性质。

2. 了解铜、银、汞化合物的氧化还原性。

3. 了解铜、银、锌、镉、汞常见的配合物。

4. 学习铜、银、锌、镉、汞离子的鉴定方法。

二、原理

铜、银是元素周期表中第 11（ⅠB）族元素；锌、镉、汞是第 12（ⅡB）族元素。将碱加到 Cu^{2+}、Ag^+、Zn^{2+}、Cd^{2+} 的盐中，可得到相应的氢氧化物或氧化物。$Cu(OH)_2$（浅蓝色）呈两性偏碱性；$Zn(OH)_2$（白色）呈两性；$Cd(OH)_2$（白色）呈碱性。$Cu(OH)_2$ 受热易分解为 CuO（黑色）。$AgOH$ 极不稳定，常温下就迅速分解成黑色 Ag_2O。Hg^{2+} 盐溶液中加碱后，得到的是黄色 HgO，它呈碱性。Hg_2^{2+} 盐溶液中加碱后，得到的是 HgO 和 Hg 的混合物。

Cu^{2+} 具有较弱的氧化性，遇到较强的还原剂（如 KI）时，可发生氧化还原反应。

$$2Cu^{2+} + 4I^- \longrightarrow 2CuI\downarrow + I_2$$

在 Cu^{2+} 溶液中加入过量 NaOH，再加入葡萄糖，则 Cu^{2+} 被还原成 Cu_2O。

$$2Cu^{2+} + 4OH^- + C_6H_{12}O_6 \longrightarrow Cu_2O\downarrow + 2H_2O + C_6H_{12}O_7$$

Ag（Ⅰ）具有一定的氧化能力，遇到某些有机物即被还原成 Ag。如 $[Ag(NH_3)_2]^+$ 溶液中，加入葡萄糖或甲醛，即产生银镜。

$$2[Ag(NH_3)_2]^+ + C_6H_{12}O_6 + 2OH^- \longrightarrow 2Ag\downarrow + C_6H_{12}O_7 + H_2O + 4NH_3\uparrow$$

从 $E^\ominus(Hg^{2+}/Hg_2^{2+}) = 0.920V$，$E^\ominus(Hg_2^{2+}/Hg) = 0.789V$，$E^\ominus(Hg^{2+}/Hg) = 0.854V$，可知 Hg（Ⅰ）和 Hg（Ⅱ）都具有一定的氧化性。当把还原剂 $SnCl_2$ 加入到 Hg^{2+} 溶液中时，Hg^{2+} 先被还原成白色 Hg_2Cl_2，后进一步被还原成单质 Hg，该反应可用来鉴定 Hg^{2+}。

Cu^{2+}、Ag^+、Zn^{2+}、Cd^{2+}、Hg^{2+} 都能形成多种配合物。如当把过量 $NH_3 \cdot H_2O$ 加到 Cu^{2+}、Ag^+、Zn^{2+}、Cd^{2+} 溶液中，可产生相应的氨合物。而 Hg^{2+} 与 NH_3 作用时，只有大量 NH_4^+ 存在时才能生成氨配合物，没有 NH_4^+ 存在或存在量不大时，生成氨基化合物。

$$2Hg(NO_3)_2 + 4NH_3 + H_2O \longrightarrow HgO \cdot HgNH_2NO_3\downarrow + 3NH_4NO_3$$
$$\text{（白色）}$$

$$HgCl_2 + 2NH_3 \longrightarrow HgNH_2Cl\downarrow + NH_4Cl$$
$$\text{（白色）}$$

Hg_2^{2+} 和 Hg^{2+} 与 I^- 作用，分别生成难溶的 Hg_2I_2 和 HgI_2 沉淀，I^- 过量时，发生如下反应：

$$Hg_2I_2 + 2I^- \longrightarrow [HgI_4]^{2-} + Hg$$
$$HgI_2 + 2I^- \longrightarrow [HgI_4]^{2-}$$

$[HgI_4]^{2-}$ 的碱性溶液，就是用以鉴定 NH_3 和 NH_4^+ 的奈斯勒试剂。

Cu^{2+} 与 $K_4[Fe(CN)_6]$ 生成红棕色沉淀，可用来鉴定 Cu^{2+}。

$$2Cu^{2+} + [Fe(CN)_6]^{4-} \longrightarrow Cu_2[Fe(CN)_6]$$

Zn^{2+} 的鉴定可在很少量 Cu^{2+} 存在下与 $(NH_4)_2Hg(SCN)_4$（硫氰酸汞铵）生成紫色混晶来实现。

$$Zn^{2+} + [Hg(SCN)_4]^{2-} \longrightarrow Zn[Hg(SCN)_4]$$
$$Cu^{2+} + [Hg(SCN)_4]^{2-} \longrightarrow Cu[Hg(SCN)_4]$$

Cd^{2+} 与 H_2S 反应生成鲜黄色 CdS 沉淀，可用来鉴定 Cd^{2+}。

三、仪器和药品

仪器：离心机、离心试管、试管、烧杯、酒精灯、三脚架、石棉网。

药品：$CuSO_4$[0.1mol · L^{-1}、0.02%（质量分数）]、$ZnSO_4$（0.1mol · L^{-1}）、

$CdSO_4$（$0.1mol \cdot L^{-1}$）、$AgNO_3$（$0.1mol \cdot L^{-1}$）、$Hg(NO_3)_2$（$0.1mol \cdot L^{-1}$）、$Hg_2(NO_3)_2$（$0.1mol \cdot L^{-1}$）、KI（$0.1mol \cdot L^{-1}$）、$Na_2S_2O_3$（$0.1mol \cdot L^{-1}$）、$SnCl_2$[$0.1mol \cdot L^{-1}$（新配）]、$K_4[Fe(CN)_6]$（$0.1mol \cdot L^{-1}$）、$(NH_4)_2Hg(SCN)_4$（$0.1mol \cdot L^{-1}$）、HCl（$2mol \cdot L^{-1}$）、H_2SO_4（$2mol \cdot L^{-1}$）、HNO_3（$2mol \cdot L^{-1}$）、$NaOH$（$2mol \cdot L^{-1}$、$6mol \cdot L^{-1}$）、$NH_3 \cdot H_2O$（$2mol \cdot L^{-1}$、$6mol \cdot L^{-1}$）、葡萄糖[10%（质量分数）]、H_2S（饱和）、混合液（Cu^{2+}、Ag^+、Zn^+、Hg^{2+}）。

四、实验内容

1. 氢氧化物或氧化物的生成和性质

分别试验 $0.1mol \cdot L^{-1}$ 的 $CuSO_4$、$ZnSO_4$、$CdSO_4$、$AgNO_3$、$Hg(NO_3)_2$、$Hg_2(NO_3)_2$ 与 $2mol \cdot L^{-1}NaOH$ 的反应，观察沉淀的颜色和状态，再检验它们的酸碱性，并将实验结果填入表 19-1 中。

表 19-1 铜、银、锌、镉、汞氢氧化物生成与性质

物 质	加入适量碱使沉淀生成		加入适量碱检查沉淀物的酸性		加酸检验沉淀物的碱性		氢氧化物或氧化物的酸碱性
	现象或颜色	主要产物	现象	主要产物	现象	主要产物	
$0.1mol \cdot L^{-1}$ $CuSO_4$							
$0.1mol \cdot L^{-1}$ $ZuSO_4$							
$0.1mol \cdot L^{-1}$ $CdSO_4$							
$0.1mol \cdot L^{-1}$ $AgNO_3$							
$0.1mol \cdot L^{-1}$ $Hg(NO_3)_2$							
$0.1mol \cdot L^{-1}$ $Hg_2(NO_3)_2$							

2. 配合物

（1）氨合物

① $Cu(Ⅱ)$、$Zn(Ⅱ)$、$Cd(Ⅱ)$、$Ag(Ⅰ)$ 的氨合物 在 $0.1mol \cdot L^{-1}CuSO_4$、$0.1mol \cdot L^{-1}AgNO_3$、$0.1mol \cdot L^{-1}ZnSO_4$、$0.1mol \cdot L^{-1}CdSO_4$ 溶液中分别逐滴加入 $2mol \cdot L^{-1}NH_3 \cdot H_2O$，观察沉淀的生成和溶解。

② $Hg(Ⅰ)$、$Hg(Ⅱ)$ 与氨的作用 在两支试管中分别加入 3 滴 $0.1mol \cdot L^{-1}$ $Hg(NO_3)_2$ 和 3 滴 $0.1mol \cdot L^{-1}Hg_2(NO_3)_2$ 溶液，然后各加入 $2mol \cdot L^{-1}NH_3 \cdot H_2O$，观察沉淀的生成，再加入过量 $NH_3 \cdot H_2O$，沉淀是否溶解，写出反应方程式。

（2）$Hg(Ⅰ)$、$Hg(Ⅱ)$ 与碘化钾的作用 在两支试管中分别加入 3 滴 $0.1mol \cdot L^{-1}Hg(NO_3)_2$ 和 3 滴 $0.1mol \cdot L^{-1}Hg_2(NO_3)_2$，再各加入 $0.1mol \cdot L^{-1}$ KI，观察沉淀的颜色，然后各加入过量 KI，观察现象有何变化？写出反应方程式。

3. 其他化合物

（1）碘化亚铜的生成 在 3 滴 $0.1mol \cdot L^{-1}CuSO_4$ 溶液中滴加 $0.1mol \cdot L^{-1}$

KI，再滴加适量 $0.1mol \cdot L^{-1}Na_2S_2O_3$，观察现象，写出反应方程式。

（2）氧化亚铜的生成　在 5 滴 $0.1mol \cdot L^{-1}CuSO_4$ 溶液中，加入过量 $6mol \cdot L^{-1}$ 氨水，使最初生成的沉淀完全溶解。再往清液中加入 10% 葡萄糖溶液，摇匀、微热，观察现象，写出反应方程式。

（3）银镜反应　向一支盛有 10 滴 $0.1mol \cdot L^{-1}AgNO_3$ 溶液的洁净试管中滴加 $2mol \cdot L^{-1}$ 氨水至生成的沉淀又完全溶解，再加入数滴 10% 葡萄糖溶液，在水浴中加热。观察银镜的生成，写出反应方程式。

4. Cu^{2+}、Ag^+、Zn^{2+}、Cd^{2+}、Hg^{2+} 的鉴定

（1）Cu^{2+} 的鉴定　向盛有数滴 $0.1mol \cdot L^{-1}CuSO_4$ 溶液的试管中加入 2 滴 $0.1mol \cdot L^{-1}K_4[Fe(CN)_6]$，观察沉淀的生成。

（2）Ag^+ 的鉴定　在 $0.1mol \cdot L^{-1}AgNO_3$ 溶液中加入数滴 $2mol \cdot L^{-1}HCl$，有白色沉淀析出，滴加 $2mol \cdot L^{-1}NH_3 \cdot H_2O$，至沉淀溶解，再滴加 $2mol \cdot L^{-1}HNO_3$ 时，白色沉淀又析出。

（3）Zn^{2+} 的鉴定　数滴 $0.1mol \cdot L^{-1}ZnSO_4$ 溶液以 2 滴 $2mol \cdot L^{-1}H_2SO_4$ 酸化后，加入 3～5 滴 0.02% $CuSO_4$，再加入适量 $(NH_4)_2Hg(SCN)_4$ 试剂，用玻璃棒搅动，观察沉淀的生成。

（4）Cd^{2+} 的鉴定　在 2 滴 $0.1mol \cdot L^{-1}CdSO_4$ 溶液中加入饱和 H_2S 水溶液，观察沉淀的生成。

（5）Hg^{2+} 的鉴定　在 5 滴 $0.1mol \cdot L^{-1}Hg(NO_3)_2$ 溶液中，逐滴加入 $0.1mol \cdot L^{-1}SnCl_2$ 溶液，观察沉淀的生成及变化。

5. 三瓶没有标签的试剂瓶，分别是 $AgNO_3$、$Hg_2(NO_3)_2$ 和 $Hg(NO_3)_2$，请用最简单的方法，将它们鉴别出来。

*6. 自行设计一方案，分离 Cu^{2+}、Ag^+、Zn^+、Hg^{2+} 的混合液，并加以鉴定。

注：

1. 镉及其化合物被人体吸收会引起中毒，轻者引起肠、胃、呼吸道等炎症；重者引起全身痛、脊椎骨变形等。因此含镉废液应倒入指定的回收瓶里集中处理。

2. 汞有毒且有挥发性，汞蒸气被吸入人体内可引起积累性中毒，因此常把汞储存在水面以下。取用汞时，要用端部弯成弧形的滴管，不能直接倾倒，以免洒落在桌面或地上（下面可放一只搪瓷盘）。未用完的汞应倒入回收瓶中，切勿倒入水槽中，若汞不慎洒落，要仔细收集，并在洒落处撒一些硫黄粉，使残余的汞与硫反应，生成不易挥发的硫化汞。

3. $Cu(OH)_2$ 不溶于 $2mol \cdot L^{-1}NaOH$ 溶液，但可溶于 $6mol \cdot L^{-1}NaOH$，检验 $Cu(OH)_2$ 的酸碱性时，为使现象明显，$Cu(OH)_2$ 的取量尽可能少些。

4. $CuSO_4$ 与 KI 反应的产物有 CuI 和 I_2，I_2 的颜色遮盖了 CuI 的颜色，可加入适量 $Na_2S_2O_3$ 除去 I_2，以便观察 CuI 的颜色，但 $Na_2S_2O_3$ 不得过量，否则会使 CuI 溶解。

$$CuI+2S_2O_3^{2-} = [Cu(S_2O_3)_2]^{3-}+I^-$$

5. 要使"银镜反应"成功，一定要用干净的试管，用水浴加热，加热时不要摇动试管。反

应生成的银氨配离子久置会析出易爆炸的氮化银（Ag_3N）。因此，实验后的溶液用少量 HCl 处理后，倒入回收瓶中，残留在试管壁上的银镜，可用硝酸溶液洗去。

五、思考题

1. 检验 Cu^{2+}、Ag^+、Zn^{2+}、Cd^{2+}、Hg^{2+} 的氢氧化物或氧化物的酸碱性应选用什么酸？

2. 为什么硫酸铜溶液中加入 KI 时，生成碘化亚铜？如加 KCl，产物应该是什么？

3. 能否用 NaOH 来分离混合的 Zn^{2+}、Cu^{2+}，为什么？

4. 当溶液中 Cu^{2+} 浓度很低时（肉眼看不见蓝色），加什么试剂可使它显蓝色？

5. 什么是银镜反应？它利用了银的什么性质？

第四部分　综合及设计性实验

实验二十　硫酸亚铁铵的制备

一、目的

1. 了解硫酸亚铁铵的制备方法及特性。
2. 巩固水浴加热、抽滤、蒸发、浓缩及结晶等无机制备的一些基本操作。
3. 了解用目测比色法检验产品质量的方法。

二、原理

复盐硫酸亚铁铵 $[FeSO_4 \cdot (NH_4)_2SO_4 \cdot 6H_2O]$ 俗称莫尔盐。它是浅蓝绿色透明晶体，易溶于水，在空气中比一般亚铁盐稳定，不易被氧化。

在 $0 \sim 60℃$ 范围内，硫酸亚铁铵在水中的溶解度比组成它的简单盐 $(NH_4)_2SO_4$ 和 $FeSO_4 \cdot 7H_2O$ 要小，因此只需将它们按一定比例在水中溶解、混合，即可制得硫酸亚铁铵晶体。其方法如下。

① 将金属铁溶于稀硫酸，制备硫酸亚铁。反应方程式为

$$Fe + H_2SO_4 \longrightarrow FeSO_4 + H_2 \uparrow$$

② 将制得的 $FeSO_4$ 溶液与等物质的量的 $(NH_4)_2SO_4$ 在溶液中混合，经加热浓缩，冷却至室温后可得到溶解度较小的硫酸亚铁铵晶体。

$$FeSO_4 + (NH_4)_2SO_4 + 6H_2O \longrightarrow FeSO_4 \cdot (NH_4)_2SO_4 \cdot 6H_2O$$

产品硫酸亚铁铵中的主要杂质是 Fe^{3+}，产品质量的等级也常以 Fe^{3+} 的含量多少来评定。本实验采用目测比色法，将一定量产品溶于水中，加入 NH_4SCN 后，根据生成的血红色的 $[Fe(SCN)_n]^{3-n}$ （$n=1 \sim 6$）颜色的深浅与标准色阶比较后，确定 Fe^{3+} 的含量范围。

三、仪器、药品与材料

仪器：台秤、烧杯（100mL、500mL）、量筒（50mL）、温度计（$0 \sim 100℃$）、布氏漏斗、吸滤瓶、表面皿、蒸发皿、比色管（25mL）、玻璃棒、酒精灯、三脚架、石棉网。

药品：铁屑（或铁粉）、　$(NH_4)_2SO_4$（固）、H_2SO_4（$3mol \cdot L^{-1}$）、Na_2CO_3 [10%（质量分数）]、$KSCN$[25%（质量分数）]、$KMnO_4$（$0.01mol \cdot L^{-1}$）、$NaOH$（$2mol \cdot L^{-1}$）、HCl（$2mol \cdot L^{-1}$）、$BaCl_2$（$1mol \cdot L^{-1}$）、Fe^{3+} 标准溶液（实验室提

供）。

材料：pH 试纸、滤纸。

四、实验内容

1. 铁屑的净化

称取 3g 铁屑，放入 100mL 烧杯中，加入 20mL 10％Na_2CO_3 溶液，小火加热约 10min，以除去铁屑表面的油污。用倾析法倾去碱液，再用蒸馏水洗净铁屑，直至中性。如直接选用纯铁粉，这一步可以省去。

2. 硫酸亚铁的制备

在盛有 3g 已净化铁屑的小烧杯中，加入 $3mol \cdot L^{-1} H_2SO_4$ 约 25mL，记下液面位置，水浴加热控制反应温度在 70～80℃范围之内，不要超过 90℃。反应装置应靠近通风口。

加热反应过程中，可适当补充其中被蒸发掉的水分（加热不要过猛，反应不要太快，尽可能维持原来的液面刻度水平）。反应过程中略加搅拌，使铁屑同 H_2SO_4 反应完全及防止反应物底部过热而产生白色沉淀。当反应物呈灰绿色溶液及不冒气泡时，加入 $1mL\ 3mol \cdot L^{-1} H_2SO_4$ 溶液，然后趁热（为什么？）进行减压过滤。滤渣可用少量热水洗涤，洗涤液和滤液一起转移至蒸发皿中，留待下一步使用。

3. 硫酸亚铁铵的制备

根据溶液中生成 $FeSO_4$ 的量。按 $m(FeSO_4)\colon m[(NH_4)_2SO_4]=1\colon0.8$（质量比）的比例。称取 $(NH_4)_2SO_4$ 固体，加入盛有上述制备的 $FeSO_4$ 溶液的蒸发皿中，加热，搅拌至 $(NH_4)_2SO_4$ 完全溶解。用小火缓慢均匀加热（最好用水浴加热），蒸发浓缩至液面出现晶膜为止（浓缩开始时可适当搅拌，后期则不宜搅拌）。静置，冷却至室温，硫酸亚铁铵即结晶析出。抽滤，将晶体夹在两张滤纸中吸干。称量，计算产率。

4. 产品的质量检验

(1) 试用实验方法证明产品中含有 NH_4^+、Fe^{2+} 和 SO_4^{2-}。

(2) Fe^{3+} 的限量分析　称取 1.0g 产品，置于 25mL 比色管中，用 15mL 不含氧的蒸馏水溶解，加入 $1mL\ 3mol \cdot L^{-1} H_2SO_4$ 和 1mL 25％KSCN 溶液，再加入不含氧的蒸馏水至比色管刻度线，摇匀，并与标准色阶（标准溶液由实验室提供）进行比较，确定产品含 Fe^{3+} 的纯度级别，如下表所示。

级　别	Ⅰ级	Ⅱ级	Ⅲ级
Fe^{3+} 含量/mg	0.050	0.10	0.20

注：

1. 含 Fe^{3+} 标准溶液的配制

在分析天平上准确称取 $NH_4Fe(SO_4)_2 \cdot 12H_2O$（硫酸高铁铵，相对分子质量 482.2）0.0870g，于小烧杯中用少量蒸馏水溶解并加入 $3mol \cdot L^{-1} H_2SO_4$ 5mL，全部转移至 1L 的容量瓶中，用不含氧的蒸馏水稀释至刻度，摇匀，此溶液含 Fe^{3+} $0.01g \cdot L^{-1}$。定量稀释此溶液，可得到 Fe^{3+} 量较低的溶液。

2. 标准比色阶的配制

准确吸取 $0.01g \cdot L^{-1}Fe^{3+}$ 标准溶液 5.00mL、10.00mL、20.00mL 于 3 支 25mL 比色管中，各加入 1mL $3mol \cdot L^{-1}H_2SO_4$ 和 1mL 25% KSCN 溶液，再加入不含氧的蒸馏水至比色管刻线处，摇匀。得到 Ⅰ 级试剂（$0.050mg$ Fe^{3+}）、Ⅱ 级试剂（$0.10mg$ Fe^{3+}）、Ⅲ 级试剂（$0.20mg$ Fe^{3+}）的标准色阶。

3. 蒸发至刚出现晶膜即可冷却。如果蒸发过度，会造成杂质 $FeSO_4$ 或 $(NH_4)_2SO_4$ 的析出，使产品不纯。此外，还会使晶体中结晶水的数目达不到要求，产品结成大块，难以取出。

4. NH_4^+、Fe^{2+}、SO_4^{2-} 的鉴定

NH_4^+ 的鉴定见实验十五；Fe^{2+} 的鉴定见实验十八；SO_4^{2-} 的鉴定可用加入 Ba^{2+} 后，有无不溶于酸的白色沉淀生成来加以判断。

5. 100g 水中的溶解度数据（g）见下表：

物 质	温度/℃								
	0	10	20	30	40	50	60	70	80
$(NH_4)_2SO_4$	70.6	73.0	75.4	78.0	81.0	—	88.0	—	95.3
$FeSO_4 \cdot 7H_2O$	15.7	20.5	26.5	32.9	40.2	48.6			
$(NH_4)_2Fe(SO_4)_2 \cdot 6H_2O$	17.8	18.1	26.9		38.5		53.4		73.0

五、思考题

1. 什么叫复盐？它与配合物有何区别？

2. 制备硫酸亚铁时，为什么要保持溶液呈酸性？

3. 如何根据 $FeSO_4$ 的产量计算所需的 $(NH_4)_2SO_4$ 的量？

4. 如何证明产品中含有 NH_4^+、Fe^{2+}、SO_4^{2-}？

5. 分析产品中 Fe^{3+} 含量时，为什么要用不含氧气的蒸馏水，如果水中含有氧气对分析结果有何影响？如何得到不含氧气的水？

实验二十一 三草酸合铁(Ⅲ)酸钾的制备

一、目的

1. 了解三草酸合铁（Ⅲ）酸钾的制备原理和方法。

2. 进一步熟悉溶解、沉淀及其洗涤、过滤、蒸发、浓缩、结晶等基本操作。

二、原理

三草酸合铁（Ⅲ）酸钾 $\{K_3[Fe(C_2O_4)_3] \cdot 3H_2O\}$ 是绿色晶体，溶于水，但不溶于乙醇。实验室制备是以硫酸亚铁铵为原料与草酸作用，先制得草酸亚铁。

$$FeSO_4 \cdot (NH_4)_2SO_4 \cdot 6H_2O + H_2C_2O_4 \longrightarrow$$

$$FeC_2O_4 \cdot 2H_2O \downarrow + (NH_4)_2SO_4 + H_2SO_4 + 4H_2O$$

然后在草酸钾的存在下，用过氧化氢把草酸亚铁氧化成 $[Fe(C_2O_4)_3]^{3-}$。将溶液蒸发浓缩，冷却后可得三草酸合铁（Ⅲ）酸钾 $\{K_3[Fe(C_2O_4)_3] \cdot 3H_2O\}$ 晶体。

$$6FeC_2O_4 \cdot 2H_2O + 6K_2C_2O_4 + 3H_2O_2 \longrightarrow$$
$$4K_3[Fe(C_2O_4)_3] + 2Fe(OH)_3 \downarrow + 12H_2O$$
$$2Fe(OH)_3 + 3H_2C_2O_4 + 3K_2C_2O_4 \longrightarrow 2K_3[Fe(C_2O_4)_3] + 6H_2O$$

$(NH_4)_2Fe(SO_4)_2 \cdot 6H_2O$ 相对分子质量为 392.3。

$K_3[Fe(C_2O_4)_3] \cdot 3H_2O$ 相对分子质量为 491.3。

三、仪器、药品和材料

仪器：台秤、烧杯（100mL）、量筒（10mL、50mL）、布氏漏斗、吸滤瓶、温度计（0～100℃）、玻璃棒、酒精灯、三脚架、石棉网。

药品：$H_2C_2O_4$（1mol·L^{-1}）、H_2SO_4（2mol·L^{-1}）、H_2O_2[3%（质量分数）]、$K_2C_2O_4$（饱和溶液）、乙醇[95%（体积分数）]、$(NH_4)_2SO_4 \cdot FeSO_4 \cdot 6H_2O$（固）。

材料：滤纸、棉线。

四、实验内容

（1）称取 5.0g $(NH_4)_2SO_4 \cdot FeSO_4 \cdot 6H_2O$ 晶体，加入装有 15mL 蒸馏水和数滴 2mol·L^{-1} H_2SO_4 的 100mL 烧杯中，加热使之溶解。然后在溶液中加入 25mL 1mol·L^{-1} $H_2C_2O_4$ 溶液，将混合液加热至沸腾片刻（加热过程中，应不断搅拌，以免暴沸）。停止加热，静置，使黄色沉淀（$FeC_2O_4 \cdot 2H_2O$）沉降下来，以倾析法弃去溶液。沉淀用 20mL 蒸馏水洗涤，倾析，弃去洗涤液（尽可能将洗涤液"完全"倾出）。

（2）向有沉淀的烧杯中加入 13mL 饱和草酸钾溶液，微热至 40℃ 左右。缓慢加入 20mL 3% H_2O_2，不断搅拌，并保持温度在 40℃ 左右（此时会有红棕色的氢氧化铁沉淀产生）。

（3）加热上述溶液近沸，分两次加入 8mL 1mol·L^{-1} $H_2C_2O_4$（第一次加入 5mL，后 3mL 逐滴加入），保持温度接近沸腾，此时溶液的颜色由棕色变为绿色。

（4）趁热过滤，滤液接入 100mL 烧杯中。小火蒸发滤液至约为原来的 1/2 左右，停止加热。稍冷后，加入 95% 乙醇 10mL，如有晶体析出，温热以使生成的晶体再溶解。然后将一段棉线系在一玻璃棒上，并将玻璃棒横架在烧杯上，使棉线悬挂在溶液中，静置约 40～50min。期间，不时观察结晶析出。最后抽滤，称重，计算产率。

五、思考题

1. 本实验的各步反应中哪些试剂是过量的？哪些试剂用量是有限的？

2. 影响产量的因素有哪些？

3. $NH_4Fe(SO_4)_2 \cdot 6H_2O$ 和 $K_3[Fe(C_2O_4)_3] \cdot 3H_2O$ 在本质上有何不同？如何区别它们？

实验二十二　水的净化及其纯度检测

一、目的

1. 了解自来水中含有哪些无机离子及其鉴定方法。

2. 了解离子交换法制取去离子水的原理和方法。

3. 学会电导仪或电导率仪的使用方法。

二、原理

离子交换法是净化水的方法之一，用此方法得到的净化水称为去离子水。

自来水中常含有 Na^+、K^+、Ca^{2+}、Mg^{2+}、Fe^{3+}、Cl^-、SO_4^{2-}、CO_3^{2-}、HCO_3^- 等杂质离子。离子交换法净化水的过程是在离子交换树脂上进行的。离子交换树脂是带有可交换的活性基团的固态高分子聚合物。制备去离子水需用阳离子交换树脂（RH）和阴离子交换树脂（ROH）。阳离子交换树脂带有酸性交换基团，其中 H^+ 可与水中的阳离子进行交换；阴离子交换树脂带有碱性交换基团，其中 OH^- 可与水中的阴离子进行交换离子交换反应如下：

$$2RH + \begin{cases} 2Na^+ \\ Ca^{2+} \\ Mg^{2+} \end{cases} \Longleftrightarrow \begin{cases} 2RNa \\ R_2Ca \\ R_2Mg \end{cases} + 2H^+$$

$$2ROH + \begin{cases} 2Cl^- \\ SO_4^{2-} \\ CO_3^{2-} \end{cases} \Longleftrightarrow \begin{cases} 2RCl \\ R_2SO_4 \\ R_2CO_3 \end{cases} + 2OH^-$$

交换出的 H^+ 和 OH^- 结合成水：

$$H^+ + OH^- \Longleftrightarrow H_2O$$

离子交换法制备纯水的方式有复床式、混合床式和联合床式几种。本实验采用联合床式。自来水从高位槽进入阳离子交换树脂柱的顶部，由阳柱的底部流出，再进入阴离子交换树脂柱的顶部，由阴柱底部流出，最后进入阳、阴离子交换树脂混合柱顶部，从混合柱底部流出时，即成为所需要的去离子水。

纯水是一种极弱的电解质。水中含有杂质后，就会使其导电能力增加，水中杂质离子越少，其导电能力越弱。用电导仪测定水的电导率，就能判断水的纯度。各种水样电导率值（$\mu S \cdot cm^{-1}$）如下：

市售蒸馏水　　　　　　10.0

玻璃容器三次蒸馏水　　1.0

石英容器三次蒸馏水　　0.5

纯水理论值	0.0546
复床式离子交换水	0.5
混合床式离子交换水	0.0556

水质纯度还可用化学方法测定。

（1）Mg^{2+}的检验 在pH=8～11的溶液中，铬黑T本身呈蓝色，若样品中含有Mg^{2+}，则铬黑T与Mg^{2+}作用后呈红色。

（2）Ca^{2+}的检验 在pH＞12时，钙指示剂自身呈蓝色，当与Ca^{2+}结合时生成红色螯合物，此pH条件下，Mg^{2+}已生成$Mg(OH)_2$沉淀，因此不干扰Ca^{2+}的鉴定。

（3）Cl^-的检验 可加入$AgNO_3$溶液，若能生成可溶于氨水的白色沉淀，说明水中的Cl^-未除净。

（4）SO_4^{2-}的检验 用$BaCl_2$与SO_4^{2-}在酸性溶液中生成白色沉淀的方法来判断有无SO_4^{2-}存在。

三、仪器、药品和材料

仪器：离子交换装置（联合床式）、电导仪（连电导电极）、烧杯（50mL）。

药品：$AgNO_3$（$0.1mol \cdot L^{-1}$）、$BaCl_2$（$1mol \cdot L^{-1}$）、HNO_3（$2mol \cdot L^{-1}$）、$NaOH$（$2mol \cdot L^{-1}$）、$NH_3 \cdot H_2O$（$2mol \cdot L^{-1}$）、固体铬黑T、钙指示剂。

材料：强酸性阳离子交换树脂（如732型）、强碱性阴离子交换树脂（如717型）。

四、实验内容

1. 装柱

联合床式离子交换装置（可由实验室事先装好）如图22-1所示。

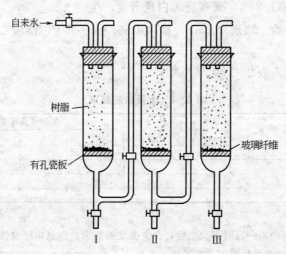

自来水→

树脂

有孔瓷板

玻璃纤维

Ⅰ　　Ⅱ　　Ⅲ

图22-1 联合床式离子交换法制取去离子水装置的示意

Ⅰ为阳离子交换柱。柱内装有阳离子交换树脂，柱底部放有一层支撑树脂用的玻璃纤维，出口处装有玻璃三通，用来连接取样管和阴离子交换柱。取样时，旋转取样管上的旋塞，水即可流出。

Ⅱ为阴离子交换柱。柱内装有阴离子交换树脂，下面也装有玻璃三通，用来取样和连接混合柱。

Ⅲ为混合交换柱。柱内装有混合的阳离子交换树脂和阴离子交换树脂，下面装有出水口兼做取样管。

2. 去离子水的制备

打开自来水与阳离子交换柱间的旋塞，使水依次流过各交换柱。水的流速控制在每分钟 50 滴左右。开始流出的少部分水弃去。然后用洁净的烧杯分别接取自来水、阳离子交换柱流出液、阴离子交换柱流出液、混合柱流出液。收集的样品用干净的表面皿盖好，进行纯度测定。

3. 水质检验

(1) 电导率的测定　用电导仪分别测定以上四种水样的电导率。每次测量前都应用去离子水、待测水样淋洗电导电极，然后取水样（水要浸没电极）进行测定。在取出电极前，应将"校正/测量"开关拨至"校正"位置。

(2) 化学检验

① Mg^{2+} 的检验　取水样 1mL，加入 $2mol \cdot L^{-1} NH_3 \cdot H_2O$ 溶液 1 滴和少量固体铬黑 T 指示剂，根据颜色判断有无 Mg^{2+} 存在。

② Ca^{2+} 的检验　取水样 1mL，加入 $2mol \cdot L^{-1} NaOH$ 溶液 2 滴，再加入少量钙指示剂，观察颜色。

③ Cl^- 的检验　取水样 1mL，加入 $2mol \cdot L^{-1} HNO_3$ 溶液 2 滴，再加入 $0.1 mol \cdot L^{-1} AgNO_3$ 2 滴，观察有无白色沉淀产生。

④ SO_4^{2-} 的检验　取水样 1mL，加入 $1mol \cdot L^{-1} BaCl_2$ 溶液 2 滴，观察有无白色沉淀产生。

将检验结果填入表 22-1 中。

表 22-1　水质检测结果

水 样 名 称	电导率 /$\mu S \cdot cm^{-1}$	电导 /μS	杂质离子的检验			
			Mg^{2+}	Ca^{2+}	Cl^-	SO_4^{2-}
自来水						
阳离子交换柱流出液						
阴离子交换柱流出液						
混合柱流出液						

注：

1. 离子交换树脂经过一段时间交换后，会失去交换能力，这是由于交换树脂达到饱和。此时可采用一些方法使树脂恢复活性，即树脂的再生。一般分别用 $2mol \cdot L^{-1}$ 的 NaOH 溶液浸泡或通过阴离子交换树脂；用 $2mol \cdot L^{-1} HCl$ 溶液浸泡或通过阳离子交换树脂，再用去离子水或蒸馏水洗至中性。阴、阳离子交换树脂混合物可先用 5% 的食盐水浸泡。因二者相对密度不同（阴离子树脂约为 0.7，阳离子树脂约为 0.8）而在盐水中分层。将它们分离后，再用上面方法分别进行再生。

再生后的离子交换树脂可重新使用，所以离子交换树脂可反复使用，如果使用得当，寿命可达 10 年以上。

2. 去离子水的电导率测定应尽快进行，否则实验室空气中的 CO_2、HCl、NH_3、SO_2 等气体溶于水，使水的电导率升高。

3. 铬黑 T，简称 EBT，分子式为 $C_{20}H_{12}O_7N_3SNa$，结构式为：

$$
\begin{array}{c}
\text{NaO}_3\text{S} - \overset{\displaystyle \text{OH}}{\bigcirc\!\!\!\bigcirc} - \text{N}=\text{N} - \overset{\displaystyle \text{OH}}{\bigcirc\!\!\!\bigcirc} \\
\text{NO}_2
\end{array}
$$

它在 pH 为 8～11 的氨性缓冲溶液中与 Ca^{2+}，Mg^{2+} 生成红色配合物。

4. 钙指示剂是乙二醛双缩 [2-羟基苯胺]，简称 GBHA，结构式为

$$
\overset{\text{OH}}{\bigcirc\!\!\!\bigcirc}\!\!-\!\!\underset{N}{\underset{\|}{}}\!\!\text{CH}\!-\!\text{CH}\!\!\underset{N}{\underset{\|}{}}\!\!-\!\!\overset{\text{HO}}{\bigcirc\!\!\!\bigcirc}
$$

它在 pH>12 的碱性溶液中与 Ca^{2+} 生成红色螯合物。

五、思考题

1. 自来水中主要含有哪些杂质离子？离子交换法制备去离子水的原理是什么？

2. 在处理水的过程中，树脂为什么要在液面下？为什么交换柱中的水不能流干？

3. 为什么可以用测定水的电导率来检验水的纯度？

附　电导率仪的使用方法

电导率仪是测量电解质溶液电导率的仪器。其测量的方法是将电导电极插入电解质溶液，通过一定的方法测量两极间的电阻。而电阻的倒数是电导，影响电解质溶液电导的因素除了电解质的性质、溶液的浓度及温度，还有测量时所用电极的面积（A）和两极间的距离（l）。在电导率仪中，常用的电极有铂黑电极和光亮电极，它们统称为电导电极，如图 22-2 所示。对于一给定电导电极，l/A 是常数，称为电极常数。每一电极的电导常数由生产厂家提供。

电导电极需根据被测溶液电导率的大小选择不同的形式，若被测溶液的电导率较小（$<10^{-3}\text{S}\cdot\text{m}^{-1}$），选用光亮电极；若被测溶液的电导率较大（$10^{-3}\sim1\text{S}\cdot\text{m}^{-1}$），则需选用铂黑电极，以增大电极的表面积，减小电流密度，防止极化的影响。

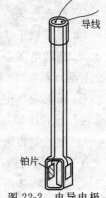

图 22-2　电导电极

一、DDS-11A 型电导率仪

DDS-11A 型电导率仪，如图 22-3 所示。

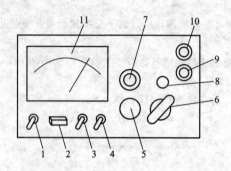

图 22-3　DDS-11A 型电导率仪示意图

1—电源；2—指示灯；3—高周/低周开关；4—校正/测量开关；

5—校正调节开关；6—量程选择开关；7—电极常数调节器；

8—电容补偿调节器；9—电极插口；10—10mV 输出插口；11—表头

DDS-11A 型电导率仪分为 12 个量程，其量程范围是 $0 \sim 10^5 \mu S \cdot m^{-1}$。配套电极有：DJS-1 型光亮电极、DJS-1 型铂黑电极、DJS-10 型铂黑电极。表 22-2 列出了各量程范围对电导电极的选择情况。

表 22-2　测量范围与配用电导电极

量程	电导率[①]/$\mu S \cdot m^{-1}$	测量频率	配用电极	量程	电导率[①]/$\mu S \cdot m^{-1}$	测量频率	配用电极
1	$0 \sim 0.1$	低　周	DJS-1 型光亮电极	7	$0 \sim 10^2$	低　周	DJS-1 型铂黑电极
2	$0 \sim 0.3$	低　周	DJS-1 型光亮电极	8	$0 \sim 3 \times 10^2$	低　周	DJS-1 型铂黑电极
3	$0 \sim 1$	低　周	DJS-1 型光亮电极	9	$0 \sim 10^3$	高　周	DJS-1 型铂黑电极
4	$0 \sim 3$	低　周	DJS-1 型光亮电极	10	$0 \sim 3 \times 10^3$	高　周	DJS-1 型铂黑电极
5	$0 \sim 10$	低　周	DJS-1 型光亮电极	11	$0 \sim 10^4$	高　周	DJS-1 型铂黑电极
6	$0 \sim 30$	低　周	DJS-1 型铂黑电极	12	$0 \sim 10^5$	高　周	DJS-10 型铂黑电极

① 如以 SI 单位制的 $S \cdot m^{-1}$ 表示，则测量值 $\times 10^{-4}$。

DDS-11A 型电导率仪的操作步骤如下。

① 检查表头指针是否为零，若不指零，调节表头上的螺丝至指针指零。

② 将"校正／测量"开关扳至"校正"位置。

③ 接通电源，打开电源开关，预热 5min，待表头指针完全稳定下来。调节"校正调节器"，使表头指针在满刻度上。

④ 根据液体电导率的大小，选用低周或高周。将"高周／低周"开关扳向"低周"或"高周"位置。

⑤ 将"量程选择开关"扳到合适挡上（若预先不知待测液体的电导率大小，先把它扳到最大挡，然后逐渐下降，以防表头指针被打弯）。

⑥ 根据液体电导率的大小选择不同的电极。使用 DJS-1 型光亮电极和 DJS-1 型铂黑电极时，将"电极常数调节器"调至与所用电极上标有的电极常数相对应的

位置上。例如，配套电极的电极常数为 1.0，则将"电极常数调节器"调至1.0处。

当溶液的电导率大于 $10^4\mu S\cdot m^{-1}$ 时，使用 DJS-1 型电极无法进行测定，需使用 DJS-10 型铂黑电极，此时，应将"电极常数调节器"调节在配套电极的 1/10 电极常数位置上。例如，若电极常数为 9.8，则应将"电极常数调节器"调至 0.98处，再将测得的读数乘以 10，就是被测溶液的电导率。

⑦ 将电极插头插入电导率仪电极插口，拧紧螺钉，用少量待测溶液冲洗电极2～3次，将电极浸入待测溶液（应使待测溶液完全浸没电极上的铂片）。

⑧ 调节"校正调节器"，使表针指在满刻度。

⑨ 将"校正／测量"开关扳到"测量"位置，读得指针的指示数再乘"量程"开关所指倍率即为待测溶液的电导率（读数时注意红点对红线，黑点对黑线）。将"校正／测量"开关再扳回"校正"位置，看指针是否满刻度，然后再将该开关扳到"测量"位置，重复测一次，取平均值。

⑩ 测量完毕，将"校正／测量"开关扳到"校正"位置，取出电极，用蒸馏水冲洗后放回盒中。

⑪关闭仪器电源，拔下插头，把仪器及附件包装放于仪器箱内。

二、DDS-307 型电导率仪

DDS-307 型电导率仪如图 22-4 所示。

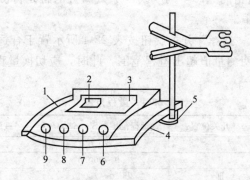

图 22-4 DDS-307 型电导率仪示意图

1—机箱盖；2—显示屏；3—面板；4—机箱底；5—电极杆插座；
6—温度补偿调节旋钮；7—校准调节旋钮；8—常数补偿调节旋钮；9—量程选择开关旋钮

DDS-307 型电导率仪的操作步骤如下。

① 开机前检查仪器电源线是否接好，地线是否接地。

② 开机　预热 30min 后，进行校准。

③ 校准　将量程"选择"开关旋钮指向"检查"，"常数"补偿调节旋钮指向"1"刻度线，"温度"补偿调节旋钮指向"25"刻度线，调节"校准"调节旋钮，使仪器显示 $100.0\mu S\cdot m^{-1}$。

④ 选择电极　电导电极的电极常数（cm^{-1}）有四种：0.01、0.1、1.0、10，可根据测量范围参照表 22-3 选择相应常数的电导电极。

表 22-3　电极常数与测量范围

测量范围 /μS·m^{-1}	推荐使用电极的电极常数/cm^{-1}	测量范围 /μS·m^{-1}	推荐使用电极的电极常数/cm^{-1}
0~2	0.01、0.1	2000~20000	1.0、10
0~200	0.1、1.0	20000~100000	10
200~2000	1.0		

常数为 1.0cm^{-1}、10cm^{-1} 的电导电极有"光亮"和"铂黑"两种形式，以光亮电极测量范围（0~300/μS·m^{-1}）为宜。

⑤ 设置电极常数　调节"常数"补偿调节旋钮使仪器显示值与电极上所标数值一致。如，电极常数为 0.01025cm^{-1}，则调节"常数"补偿调节旋钮使仪器显示值为 102.5（测量值＝读数值×0.01）；电极常数为 0.1025 cm^{-1}，则调节"常数"补偿调节旋钮，使仪器显示值为 102.5（测量值＝读数值×0.1）；电极常数为 1.025cm^{-1}，则调节"常数"补偿调节旋钮，使仪器显示值为 102.5（测量值＝读数值×1）；电极常数为 10.25cm^{-1}，则调节"常数"补偿调节旋钮，使仪器显示值为 102.5，（测量值＝读数值×10）。

⑥ 设置温度　调节"温度"补偿调节旋钮，使其指向待测溶液的实际温度值。此时，测量得到的是待测溶液经过温度补偿后折算为 25℃下的电导率值。如果将"温度"补偿调节旋钮指向"25"刻度线，那么测量的将是待测溶液在该温度下未经补偿的原始电导率值。

⑦ 测量　将量程"选择"开关旋钮按表 22-4 所示置于合适位置。当测量过程中，显示值消失，说明测量值超出量程范围，此时，应切换量程"选择"开关旋钮至上一挡量程。

表 22-4　量程范围

序号	选择开关位置	量程范围/μS·m^{-1}	被测电导率/μS·m^{-1}
1	Ⅰ	0~20.0	显示读数×C[①]
2	Ⅱ	20.0~200.0	显示读数×C
3	Ⅲ	200.0~2000	显示读数×C
4	Ⅳ	2000~20000	显示读数×C

①C 为电导电极常数值。

三、使用电导率仪的注意事项

① 测量时电极的导线不能潮湿，否则影响测量准确度。

② 盛装被测溶液的烧杯必须洁净，无其他离子沾污。

③ 对纯水的测量应迅速，否则因空气中 CO_2 的溶入，会使电导率很快上升，影响测量结果。

④ 测量电阻很高（即电导很低）的溶液时，需选用由溶解度极小的中性玻璃、石英或塑料制成的容器盛装。

⑤ 测量时一般用被测试样冲洗电极三次即可。如用吸水纸（如滤纸）吸干电极上的液体，应注意则切不可擦及铂黑，以免铂黑脱落。

实验二十三　溶剂萃取法处理电镀厂含铬废水

一、目的

1. 了解石油亚砜萃取电镀厂含铬废水中 Cr^{3+} 的过程。
2. 学习和了解液-液萃取实验的操作和过程。
3. 学习铬试纸的使用方法。

二、原理

物质从水溶液（水相，A）中转入与其不相溶的有机溶剂（有机相，O）中的传递过程称为溶剂萃取，其中被传递的物质称为被萃取组分。相反，被萃取组分从有机相转入水相的过程称为反萃取。萃取时，有机相的体积与水相的体积之比称为相比（O/A）。

石油亚砜是从含有硫醚（R—S—R'）的石油馏分经氧化、分离、提纯而制得的，其中含有多种不同相对分子质量的亚砜混合物。

$$R-S-R' \xrightarrow{[O]} R-\overset{\overset{\displaystyle O}{\|}}{S}-R' \quad （R,R'代表有机烃基）$$
硫醚　　　　　亚砜

石油亚砜对多种重金属离子有特殊的配位性能，可以利用它来分离、提取许多重金属离子，是一优良的工业萃取剂。石油亚砜能对 Cr(Ⅵ) 具有很强的提取能力。利用石油亚砜处理电镀厂含铬废水，可以使危害性较大的含铬废水变废为宝，消除环境污染，国家对含铬废水规定的排放标准为含 Cr(Ⅵ) $0.5\ mg \cdot L^{-1}$。

石油亚砜处理含铬废水，是一个萃取过程。其中石油亚砜是萃取剂，白煤油是稀释剂，石油亚砜的白煤油溶液是有机相（O），含铬废水是水相（A），两相不相混溶。当它们都在分液漏斗中振荡时，萃取的过程就在进行。萃取后把两相分开，水中的 Cr(Ⅵ) 就大部分转入石油亚砜中。当萃取达到平衡时，在有机相中 Cr(Ⅵ) 的浓度和水相中 Cr(Ⅵ) 的浓度都不会随时间变化。且条件不变时，它们的比值是确定的，可以用分配比 D 来表示：

$$D = \frac{c(有，总)}{c(水，总)}$$

式中，$c(有，总)$、$c(水，总)$ 分别代表被萃取物在有机相和水相的总浓度。

为了表示萃取剂的萃取能力或被萃取物质在两相的分配情况，在实际工作中，常用萃取率（E）表示。萃取率就是被萃取物进入到有机相中的量占萃取前原料液中被萃取物的总量的百分比，即

$$E = \frac{被萃取物在有机相中的量}{被萃取物在原料液中的总量} \times 100\%$$

含铬废水经石油亚砜处理后，Cr(Ⅵ)转移到石油亚砜的有机相中，经用 6 mol·L^{-1}NaOH 溶液进行反萃取，Cr(Ⅵ)就从有机相转移到水溶液中。此时，碱液中含 Cr(Ⅵ)的浓度大于废水中 Cr(Ⅵ)的浓度，碱液经酸化及进一步处理，Cr(Ⅵ)就可回收利用，而石油亚砜也可以重复使用。

本实验考虑实验仪器及时间有限，仅作半定量要求。分析溶液中 Cr(Ⅵ)的含量，采用铬试纸（测试范围 0.5～50 mg·L^{-1}）。

三、仪器、药品和材料

仪器：分液漏斗（125mL 两只）、量筒（10mL、20mL、100mL）、烧杯（200mL）、普通漏斗及漏斗架。

药品：NaOH(6mol·L^{-1})、HCl(1mol·L^{-1}、6mol·L^{-1}、浓)、含铬废水、石油亚砜溶液（含亚砜硫 0.4mol·L^{-1}的白煤油溶液）。

材料：铬试纸、滤纸。

四、实验内容

1. 测定含铬废水的浓度

用铬试纸检验含铬废水中的 Cr(Ⅵ)浓度 A，记录于表 23-1 中。

2. 萃取

(1) 将两个 125 mL 分液漏斗编号为Ⅰ、Ⅱ。用量筒量取 100 mL 含铬废水倒入分液漏斗Ⅰ中，再量取 5mL 石油亚砜（即用 1mol·L^{-1}HCl 平衡好的 0.4 mol·L^{-1}石油亚砜溶液），注入分液漏斗Ⅰ中，盖好分液漏斗Ⅰ的顶盖，振荡分液漏斗 10～15min，使两相溶液充分接触，放置在漏斗架上静止 10～15min，待两相液面清晰，排放下层水相于分液漏斗Ⅱ中，同时用铬试纸检验排出水中含的 Cr(Ⅵ)浓度 B。记录于表 23-1 中。

(2) 量取 5 mL 石油亚砜注入分液漏斗Ⅱ中，与第一次从分液漏斗Ⅰ排出的废水接触。盖好顶盖，振荡 10～15min，放置静止 10～15min，待两相界面清晰即可进行分离，排出废水放入有标号的烧杯中，用铬试纸检验其中 Cr(Ⅵ)的浓度 C，记录于表 23-1 中。

表 23-1 数据记录与处理

项　目	Cr(Ⅵ)的浓度 / mg·L^{-1}	萃取率$(E)=\dfrac{\text{被萃取 Cr(Ⅵ)的量}}{\text{废水中 Cr(Ⅵ)的量}}\times100\%$ （若水相体积不变，可用浓度代替量）
含铬废水	$A=$	
Ⅰ号分液漏斗第一次萃取排出废水	$B=$	$E(1)=\dfrac{A-B}{A}\times100\%$
Ⅱ号分液漏斗第二次萃取排出废水	$C=$	$E(2)=\dfrac{B-C}{A}\times100\%$

3. 反萃取

取 $6mol \cdot L^{-1}$ NaOH 溶液 5mL 注入分液漏斗 I 中，与已萃取过 Cr(Ⅵ) 的石油亚砜接触，振荡 $10 \sim 15min$，放置静止至两相界面清晰，分离出碱液并取出 1mL（碱度近似为 $6mol \cdot L^{-1}$ NaOH），用 $6mol \cdot L^{-1}$ HCl 将此 1mL 反萃碱液调为 $1mol \cdot L^{-1}$ HCl 的酸度，使之与原来的含铬废水比较颜色的深浅，判断反萃液中 Cr(Ⅵ) 浓度的大小（粗略估计即可，若要准确分析，应用分光光度计）。

把 I、Ⅱ 号分液漏斗中的石油亚砜倒入指定回收瓶中。

二次（错流）总萃取率　$E(\text{总}) = E(1) + E(2) = \dfrac{A - C}{A} \times 100\%$

萃取条件：室温_____℃，相比（O/A）_____，振荡时间_____ min，
　　　　　萃取剂石油亚砜白煤油溶液的浓度_____ $mol \cdot L^{-1}$。

反萃条件：室温_____℃，相比（O/A）_____，振荡时间_____ min，
　　　　　反萃取剂 NaOH 的浓度_____ $mol \cdot L^{-1}$。

注：

1. 含铬废水：可用 CrO_3 配制为含 Cr(Ⅵ) 溶液（因为一般电镀厂含铬废水含其他杂质较少，通常定性检查不出 Cu^{2+}、Ni^{2+}、Fe^{3+}，所以实验可直接用 CrO_3 模拟配制）。

2. 石油亚砜溶液（含亚砜硫 $0.4mol \cdot L^{-1}$ 的白煤油溶液）的配制方法如下：

$$m = \frac{cV \times 32.06}{A}$$

式中，m 为石油亚砜的质量，g；c 为需配的石油亚砜溶液中含亚砜硫的浓度，$mol \cdot L^{-1}$；V 为需配溶液的体积，L；A 为原石油亚砜溶液中硫的含量，%（石油亚砜产品都已标明亚砜硫的含量）。

如需配 1L $0.40mol \cdot L^{-1}$ 亚砜硫的白煤油溶液，若原石油亚砜中含亚砜硫为 8.8%，则

$$m = \frac{0.40 \times 1.000 \times 32.06}{8.8\%} = 145.7(\text{g})$$

即称取 145.7g 原石油亚砜，注入 1L 容量瓶中，用少量白煤油冲洗盛器后，转移入容量瓶中，后用白煤油稀释到刻度即成。

已配制好的石油亚砜应用 $1mol \cdot L^{-1}$ HCl 振荡平衡 2 次（每次用 HCl 量约为石油亚砜溶液的 1/4 左右），最后分离除去酸性水溶液，石油亚砜溶液即可使用。

3. 铬试纸的使用方法：取试纸一条，浸入欲测溶液中，立即取出，30s 后与标准色板比较，即可得出 Cr(Ⅵ) 的含量。

4. 回收的石油亚砜可用 $6mol \cdot L^{-1}$ NaOH 进行反萃取，再经 $1mol \cdot L^{-1}$ HCl 酸化平衡后，便可重复使用。

五、思考题

1. 通过实验，如何理解萃取和反萃取过程？

2. 比较萃取率 $E(1)$、$E(2)$、和 $E(\text{总})$ 的数据，有什么体会？

3. 根据萃取，反萃取的相比和萃取率，估算当反萃取率为 90% 时，反萃液中 Cr(Ⅵ) 的浓度。

实验二十四　废定影液中回收金属银

一、目的

1. 了解从废定影液中回收金属银的原理和方法。
2. 巩固无机制备的基本操作以及了解高温还原金属的方法。

二、原理

银是质软、延展性较好的金属，在水、空气中都十分稳定，但能溶于硝酸与热浓硫酸。废银回收不但可以变废为宝，还可防止环境污染。

定影过程中感光材料乳剂膜中卤化银约有 75% 溶入定影液（$Na_2S_2O_3$）中。本实验是通过硫化钠法从废定影液中回收银。

向废定影液（主要成分 $Na_3[Ag(S_2O_3)_2]$）中加入 Na_2S，生成 Ag_2S 沉淀，同时有 $Na_2S_2O_3$ 再生。

$$2Na_3[Ag(S_2O_3)_2]+Na_2S \longrightarrow 4Na_2S_2O_3+Ag_2S\downarrow$$

经过过滤，滤液还可当作定影液使用，但其中不能混入 Na_2S。因为 Na_2S 能与未感光的溴化银反应生成黑色 Ag_2S。在加 Na_2S 之前，先使废定影液呈现碱性，以避免加入的 Na_2S 放出 H_2S 气体，加入的 Na_2S 不能过量。

Ag_2S 沉淀在 1000℃ 左右的高温灼烧，可得到金属银，灼烧时还要加入一定量的 Na_2CO_3 和硼砂。

$$Ag_2S+O_2 \xrightarrow{\text{约}1000℃} 2Ag+SO_2\uparrow$$

三、仪器、药品和材料

仪器：台秤、烧杯（250mL、1000mL）、吸滤瓶、布氏漏斗、蒸发皿、研钵、泥坩埚、马弗炉。

药品：废定影液、NaOH（6mol·L^{-1}）、Na_2S（0.1mol·L^{-1}）、$AgNO_3$（0.1mol·L^{-1}）、$Na_2B_4O_7$·10H_2O(固)、Na_2CO_3(固)。

材料：pH 试纸、滤纸。

四、实验内容

取 600mL 废定影液注入 1000mL 烧杯中，加热至 30℃ 左右，用 pH 试纸测定其 pH，然后用 6mol·L^{-1} NaOH 溶液调至微碱性（pH＝8）。在不断搅拌的情况下，加入 0.1mol·L^{-1} Na_2S 至沉淀刚好完全。静置后，在上层液中滴加 0.1mol·L^{-1} $AgNO_3$（近中性），至不再有沉淀出现为止。用倾析法倾出上层清液（回收），将 Ag_2S 转移至 250mL 烧杯中，用热水洗涤一次，抽滤，将沉淀转移到蒸发皿中，小火炒干、冷却、称重。

按 $m(Ag_2S)$：$m(Na_2CO_3)$：$m(Na_2B_4O_7)$＝3：2：1 比例，称取 Ag_2S、Na_2CO_3 与 $Na_2B_4O_7$ 混合均匀研细，置泥坩埚中，放在马弗炉内于 1000℃ 下灼烧

1h，小心取出坩埚，迅速将熔化的银倒出，冷却称量。

注：

Ag_2S 沉淀时应注意控制条件，防止 Ag_2S 发生胶溶现象，否则难以过滤分离。

五、思考题

1. 废定影液中加入 Na_2S 之前，为什么要先将溶液调至碱性？如何调节溶液的 pH？

2. 废定影液中加入 Na_2S 后，如何确定 Ag_2S 已沉淀完全？

3. 为什么 Na_2S 不能过量？

附 马弗炉的使用

马弗炉（如图 24-1 所示）是一种用电热丝或硅碳棒加热的炉子。它的炉膛是长方体，有一炉门，打开炉门可放入要加热的坩埚或其他耐高温器皿。最高使用温度可在 1000℃或 1300℃。其温度的测量是用由一对热电偶和一只毫伏计组成的高温计来完成的。

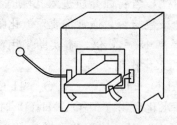

图 24-1 马弗炉

实验二十五 金属的表面处理

一、目的

1. 了解氧化还原反应的基本原理及其实际应用。

2. 了解钢铁的发蓝处理、铝的阳极氧化原理和方法。

二、原理

① 在钢铁表面用氧化剂将铁进行氧化以获得致密的、有一定防护性能的蓝色或黑色的 Fe_3O_4 膜。工业上将这种氧化处理称为"发蓝"或"煮黑"。其原理是钢铁在强碱性条件下，氧化剂亚硝酸钠与钢铁表面发生氧化还原反应，生成一层致密而牢固的氧化膜，其反应如下：

$$3Fe+NaNO_2+5NaOH \longrightarrow 3Na_2FeO_2+NH_3+H_2O$$

$$6Na_2FeO_2+NaNO_2+5H_2O \longrightarrow 3Na_2Fe_2O_4+NH_3+7NaOH$$

$$Na_2FeO_2+Na_2Fe_2O_4+2H_2O \longrightarrow Fe_3O_4+4NaOH$$

氧化膜厚度一般为 $0.5 \sim 1.5 \mu m$，外观美丽又不影响金属零件的精密度。所以一些精密和光学仪器的零件，常用它作为装饰性防护层。

为了提高氧化膜的抗蚀性能与润滑性能，一般在氧化处理后还要再进行后处理，例如，在重铬酸钾溶液中进行钝化、浸油或浸肥皂液等。

② 用电化学方法在铝表面生成较致密的氧化膜过程，称为铝的阳极氧化。所形成的氧化膜有较高的硬度和抗蚀性能。刚形成的氧化膜能吸附多种有机染料或无机颜料，可形成各种彩色膜，它既防腐又美观，常作为防护装饰层。

以铝（零件）作阳极，铅作阴极，在 H_2SO_4 溶液中进行电解，两极反应如下。

阴极 $$2H^+ + 2e \longrightarrow H_2 \uparrow$$

阳极 $$Al - 3e \longrightarrow Al^{3+}$$

$$Al^{3+} + 3H_2O \longrightarrow Al(OH)_3 + 3H^+$$

$$2Al(OH)_3 \longrightarrow Al_2O_3 + 3H_2O$$

电解过程中 H_2SO_4 又可以使形成的 Al_2O_3 膜部分溶解，所以氧化膜的生长依赖于金属氧化速率和 Al_2O_3 膜溶解的速率，要得到一定厚度的氧化膜，必须控制氧化条件，使氧化膜形成速率大于溶解速率。

Al_2O_3 膜有较高的吸附性，当腐蚀介质进入孔隙时将会引起孔隙腐蚀。因此，在实际生产中，氧化后不论染色与否，通常都要对氧化膜进行封闭处理。经封闭处理后氧化膜的抗蚀能力可提高 15～20 倍。本实验采用沸水（蒸馏水或去离子水）封闭法，它是利用 Al_2O_3 的水化作用，即：

$$Al_2O_3 + H_2O \longrightarrow Al_2O_3 \cdot H_2O$$

Al_2O_3 氧化膜水化为一水化合物（$Al_2O_3 \cdot H_2O$）时，其体积增加 33%，水化为三水化合物（$Al_2O_3 \cdot 3H_2O$）时，体积几乎增加 100%，因此，经封闭处理后，其抗蚀性有明显的提高。

三、仪器、药品和材料

仪器：变压器、直流稳压电源、滑线电阻、电流表、烧杯、温度计、酒精灯、蒸发皿、表面皿。

药品：HNO_3（$2mol \cdot L^{-1}$）、H_2SO_4（17%）、铝片、铅片、铁片、发蓝碱洗液、发蓝酸洗液、发蓝液、封闭液、染色液。

材料：砂纸。

四、实验内容

1. 钢铁的发蓝处理

（1）发蓝前的表面处理　用砂纸将铁片表面擦净，并用水冲洗。

碱洗：将擦净后的铁片放入温度为 60～70℃ 的碱洗液[1]中，1min 后取出铁片，并用水冲洗干净。

酸洗：将碱洗后的铁片放入酸洗液[1]中 1min 后取出，并用水冲洗干净（注意不要用手接触铁片表面）。

（2）发蓝处理　将表面处理过的铁片放入发蓝液[1]中，煮沸约 20min，温度控制在 140℃ 左右。取出铁片用热水冲洗后，再放入温度 60～80℃ 的封闭液[2]中，10～15min 后取出铁片，用水洗净，观察铁片的颜色，并与未经发蓝处理的铁片进行比较。

2. 铝的阳极氧化

（1）氧化前的处理

碱洗：将铝片放在 75～85℃ 的碱洗液[3]中，浸 0.5～1min，取出后用自来水冲洗，以除去铝片表面的油污。

酸洗：将碱洗后的铝片放入 $2mol \cdot L^{-1} HNO_3$ 溶液中，浸 0.5～1min，取出后用自来水冲洗，除去表面氧化物。

（2）阳极氧化处理　以铝片作阳极，铅片作阴极，连接电解装置，如图25-1所示。电解液为 $17\% H_2SO_4$ 溶液，接通电源，并调节滑线电阻，使电流密度保持在 $15～20mA \cdot cm^{-2}$ 范围内，电压为 15V 左右（开始时宜用较小的电流密度，1min后将电流密度调至工艺要求），30min 后切断电源，取出铝片，用自来水冲洗干净。

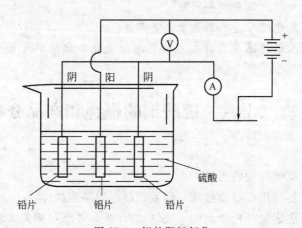

图 25-1　铝的阳极氧化

（3）氧化膜的染色　将氧化后用水洗净的铝片投入为 75～85℃ 的染色液[4]中，5～10min 后取出铝片，用水洗净。

（4）氧化膜的封闭　将染色并洗净的铝片放入煮沸的蒸馏水或去离子水中（若用中性自来水煮沸封闭时，45min 也不易完全封闭），煮沸 30min 即可。

若要进行氧化膜质量检查，可将氧化后用水洗净的铝片干燥，分别在氧化膜和没有氧化处理的铝片上各滴 1 滴氧化膜质量检查液[5]，绿色出现时间越迟，氧化膜的质量越好。

注：

1. 发蓝碱洗液：NaOH 30～50g $\cdot$ L^{-1}、Na_2CO_3 10～30g $\cdot$ L^{-1}、Na_2SiO_3 5～10g $\cdot$ L^{-1}。

发蓝酸洗液：HCl 20%、乌洛托品 5%、H_2O 75%。

发蓝液：NaOH 600～6500g $\cdot$ L^{-1}、$NaNO_2$ 200～250g $\cdot$ L^{-1}。

2. 封闭液：肥皂 15～20g·L^{-1}。

3. 阳极氧化铝用碱洗液：NaOH 2g，Na$_2$CO$_3$ 10g，H$_2$O 100mL。

4. 茜素红 5～10g·L^{-1}（pH5～6），亦可用无机着色剂，如下表：

染 出 颜 色	1 号	2 号
蓝色或天蓝色	亚铁氰化钾 10％	氯化铁 10％
橙黄色	铬酸钾 10％	硝酸银 10％

染色时根据所要染的颜色，按无机着色序号，分别依次进行浸泡处理，使其形成不溶性的有机化合物。如在室温下先浸入 1 号染色液中约 5～10min 取出，用水将铝片洗净，再放入 2 号染色液中浸 5～10min，取出后用水洗净即可。

5. 铝表面氧化膜质量检查液：K$_2$Cr$_2$O$_7$（固）3g，HCl（浓）25mL，H$_2$O 75mL。检查液的颜色由于六价铬被铝还原成三价铬，而由橙色变为绿色。

五、思考题

1. 钢铁发蓝处理应注意哪些问题？

2. 影响阳极氧化膜质量的因素主要有哪些？

3. 实验时有人误将镍片当作铝片进行阳极氧化，试问将发生什么反应？有何现象？

实验二十六　硫酸铜的提纯和产品分析

一、目的

1. 学习提纯粗硫酸铜的方法。

2. 练习台秤的使用，以及过滤、蒸发、结晶等基本操作。

3. 利用容量法定量分析产品中 CuSO$_4$ 的含量，并练习相关实验操作。

4. 学习有关试剂的配制。

二、设计任务

① 利用氧化还原反应和水解反应的基本原理以及溶度积规则，自行设计实验方案，提纯粗硫酸铜。

② 容量法定量分析产品中 CuSO$_4$ 的含量。

③ 实验条件的选择、操作方法、结果计算、数据处理及误差分析。

④ 方案设计时可以参考以下相关知识和方案设计提示，以及到图书馆查找有关文献资料。

三、实验原理和相关知识

1. 粗硫酸铜提纯

粗硫酸铜中含有不溶性杂质和可溶性杂质 FeSO$_4$ 和 Fe$_2$(SO$_4$)$_3$ 等。不溶性杂质可用过滤的方法除去；可溶的 FeSO$_4$ 则应选择适当的氧化剂（如 KMnO$_4$、

$K_2Cr_2O_7$、Br_2、H_2O_2 等），将其氧化为 $Fe_2(SO_4)_3$，然后控制一定的 pH，使溶液中的 Fe^{3+} 以 $Fe(OH)_3$ 沉淀析出，而 Cu^{2+} 仍留在溶液中。分离出沉淀后的滤液，在检验无 Fe^{3+} 后，即可蒸发结晶。

2. 五水硫酸铜的溶解度

五水硫酸铜（$CuSO_4 \cdot 5H_2O$）是蓝色结晶，若将 $CuSO_4 \cdot 5H_2O$ 在空气中慢慢加热，则其中的结晶水分段脱去。高于 200℃以上时变为无水物，骤然加热至 230℃以上时，则生成碱式盐，残留物变成灰色。在 630℃以上时，分解为氧化铜和三氧化硫。

不同温度条件下，100g 水中 $CuSO_4 \cdot 5H_2O$ 的溶解度如下：

温度/℃	0	20	40	80	100
$CuSO_4 \cdot 5H_2O$ 的溶解度/g·(100g 水)$^{-1}$	14.3	20.7	28.5	55	75.4

3. 容量法测定产品含量

容量法测定产品含量的方法很多，常用的有碘量法和配位滴定等。

（1）碘量法测定铜盐的方法是在醋酸酸性溶液中（避免 Cu^{2+} 的水解和 I^- 被空气氧化），利用过量的 KI 将铜离子还原生成 CuI 沉淀，其反应如下：

$$2Cu^{2+}+4I^- \longrightarrow 2CuI\downarrow +I_2$$

或 $$2Cu^{2+}+5I^- \longrightarrow 2CuI\downarrow +I_3^-$$

生成物 I_2 的量决定于样品中 Cu^{2+} 的含量，析出的 I_2 再用 $Na_2S_2O_3$ 滴定，以淀粉为指示剂，反应如下：

$$I_2+2Na_2S_2O_3 \longrightarrow 2NaI+Na_2S_4O_6$$

该方法中由于 CuI 沉淀强烈地吸附 I^-，使结果偏低，所以通常在临近终点时加入硫氰酸盐（为什么?）将 CuI（$K_{sp}^{\ominus}=1.1\times10^{-12}$）转化为 CuSCN（$K_{sp}^{\ominus}=4.8\times10^{-15}$），把吸附的 I^- 释放出来，使反应趋于完全。

（2）配位滴定是用 EDTA 滴定铜（Ⅱ）盐。滴定时，控制不同的酸度，选择不同的指示剂（见下表）。

溶液的酸度	缓冲溶液	指 示 剂	终点颜色的变化
pH=5	HAc-NH$_4$Ac	PAR	红→绿
pH=7~8	NH$_3$-NH$_4$Cl	紫脲酸胺	黄→红
pH=9.3	NH$_3$-NH$_4$Cl	邻苯二酚紫	蓝→红
pH=11	NH$_3$-NH$_4$Cl	PAR	紫红→绿

四、方案设计提示

（1）将 Fe^{2+} 氧化为 Fe^{3+} 时，注意选择适当的氧化剂，尽量达到既不引入杂质，又能氧化 Fe^{2+}，而过量的氧化剂又容易除去的目的。

（2）根据硫酸铜的溶解度，确定溶解一定量的硫酸铜所需水的体积及结晶时的温度。

(3) 为有效地除去 Fe^{3+}，需通过计算确定 $Fe(OH)_3$ 完全沉淀，而 $Cu(OH)_2$ 沉淀不析出时溶液的 pH，同时，也应考虑采取一定的方法使 $Fe(OH)_3$ 沉淀在过滤时易于分离。

(4) 精制后的母液应先检验 Fe^{3+} 是否除尽。（如何检验?）

(5) 母液在蒸发结晶前还应采取一定措施防止 $CuSO_4$ 水解。

(6) 根据硫酸铜的性质，确定产品干燥的方式，确保最后的产物是 $CuSO_4 \cdot 5H_2O$ 而不是其脱水产物。

(7) 产品质量的分析，通过查阅资料选择可行且易于操作方法。在测定$CuSO_4$含量时，应除去的 Fe^{3+} 干扰。（应如何消除?）

五、仪器、药品和材料

仪器：分析天平、台秤、烧杯、量筒、酸式滴定管、锥形瓶、移液管（25mL）、容量瓶、碘量瓶、滴瓶、布氏漏斗、吸滤瓶、漏斗、漏斗架、蒸发皿、细口瓶（玻璃塞、胶塞，盛装配制溶液用）。

药品：H_2SO_4、HCl、NaOH、$NH_3 \cdot H_2O$、HAc、NH_4Ac、NH_4Cl、NH_4F、KI、KSCN、$Na_2S_2O_3$、Na_2CO_3、$KMnO_4$、$K_2Cr_2O_7$、Br_2、H_2O_2、粗硫酸铜、氧化铜、ZnO 基准物质（800℃ 灼烧恒重）、$K_2Cr_2O_7$ 基准物质、EDTA、铬黑 T、PAR［4-(2-吡啶基偶氮) 间苯二酚］、邻苯二酚紫、紫脲酸胺、淀粉、甲基红。

材料：pH 试纸、滤纸。

六、实验步骤（自行设计）

1. 配制所需的溶液。
2. 除去粗硫酸铜中的主要杂质。
3. 蒸发、结晶、干燥、称量产品的质量。
4. 定量分析产品中 $CuSO_4$ 的含量。

七、结果与讨论

1. 计算产率和分析结果，写出实验报告。
2. 分析实验中观察到的现象。
3. 讨论影响产品质量和产率的因素。
4. 分析产生误差的原因，总结整个实验的得失情况。

实验二十七　离子的分离和鉴定

一、目的

总结复习元素及其化合物的性质，利用这些知识巩固有关离子的分析鉴定。并通过自行设计实验方案，提高灵活应用这些知识的能力。

二、原理

离子鉴定是根据发生化学反应的现象来定性地判断某种离子是否存在。为了能简便、可靠地鉴定出离子是否存在，往往要求鉴定离子的反应一般都是有明显的外观特征（如颜色变化、沉淀的生成和溶解、气体的产生等），且都应是灵敏和迅速的反应。

如：Pb^{2+} 与稀 HCl 或 K_2CrO_4 溶液作用均产生沉淀。

$$Pb^{2+} + 2Cl^- \Longrightarrow PbCl_2 \downarrow （白）\qquad K_{sp}^{\ominus}(PbCl_2) = 1.7 \times 10^{-5}$$

$$Pb^{2+} + CrO_4^{2-} \Longrightarrow PbCrO_4 \downarrow （黄）\qquad K_{sp}^{\ominus}(PbCrO_4) = 2.8 \times 10^{-13}$$

$PbCl_2$ 的溶解度

$$S(PbCl_2) = \sqrt[3]{K_{sp}^{\ominus}(PbCl_2)/4} = \sqrt[3]{1.7 \times 10^{-5}/4}$$
$$= 1.6 \times 10^{-2}\ mol \cdot L^{-1}$$

$PbCrO_4$ 的溶解度

$$S(PbCrO_4) = \sqrt{K_{sp}^{\ominus}(PbCrO_4)} = \sqrt{2.8 \times 10^{-13}}$$
$$= 5.3 \times 10^{-7}\ mol \cdot L^{-1}$$

由于 $S(PbCl_2) \gg S(PbCrO_4)$，且 $PbCrO_4$ 的颜色比 $PbCl_2$ 鲜明，因此一般选用形成 $PbCrO_4$ 来鉴定 Pb^{2+}。

影响鉴定反应的条件一般为：溶液的酸度，反应离子的浓度，溶液的温度，共存物及介质条件。

如 CrO_4^{2-} 鉴定 Pb^{2+} 的反应，要求在中性或弱酸性的条件下进行。在碱性介质中会生成 $Pb(OH)_2$ 沉淀，强碱性时还会有 $Pb(OH)_4^{2-}$ 生成。而在强酸性介质中，由于 CrO_4^{2-} 浓度降低，不易得到黄色的 $PbCrO_4$ 沉淀，从而使反应灵敏度降低。

通常溶液中被鉴定离子的浓度越大，加入试剂足量，现象越明显。但也有些反应，如用 $NaBiO_3$ 鉴定 Mn^{2+} 的反应，Mn^{2+} 的浓度就不能太大，否则过量的 Mn^{2+} 与生成的 MnO_4^- 反应产生棕褐色 $MnO(OH)_2$ 沉淀。

温度对很多鉴定反应都有影响。加热有助于加快反应速率，所以在有 Ag^+ 做催化剂以 $S_2O_8^{2-}$ 鉴定 Mn^{2+} 时，需要加热。而且加热可使胶状沉淀凝聚，便于沉淀的分离。如分离 $AgCl$ 沉淀时，通常要水浴加热。但也有些鉴定反应生成的沉淀物会随温度的升高溶解度增大，反而使现象不易观察。如 $PbCl_2$ 能溶解在热水中，所以，加 HCl 使 Pb^{2+} 以 $PbCl_2$ 沉淀析出的反应就不宜加热。

某些离子的存在，会对被鉴定离子的检出产生干扰。如以 SCN^- 鉴定 Co^{2+} 时，Fe^{3+} 的存在就会干扰 Co^{2+} 的鉴定。因为 Fe^{3+} 与 SCN^- 产生血红色的 $[Fe(SCN)_n]^{3-n}$（$n=1\sim6$）掩盖了 $[Co(SCN)_4]^{2-}$ 的蓝色。但有时共存物的存在会提高鉴定反应的灵敏度，如以 $Na_3[Co(NO_2)_6]$ 鉴定 K^+ 时，极少量 Ag^+ 的存在，会有利于 K^+ 的检出。

介质的不同对鉴定反应也有一定影响。如上述 SCN^- 鉴定 Co^{2+} 时产生的

$[Co(SCN)_4]^{2-}$ 在水溶液中很不稳定，而在有机溶剂如丙酮中则使其稳定性增强，便于观察现象。

有时一种鉴定用的试剂能与几种离子作用，如 K_2CrO_4 能与 Ba^{2+}、Pb^{2+}、Sr^{2+} 产生相似的黄色沉淀，但与 Zn^{2+}、Fe^{3+}、Ca^{2+} 等不产生沉淀。这种在一定条件下，某一鉴定反应只能使某些离子作用而产生特征现象的性质，称为鉴定反应的选择性。能产生特征现象的离子越少，鉴定反应的选择性越高。如果某一鉴定反应，在一定条件下，只对一种离子起产生特征现象的反应，则其选择最好，这样的鉴定反应称为特效反应（或特征反应）。

由待分析样品制备的试液中，往往会有多种离子共存，而多数鉴定反应是有一定选择性的。因此必须采用一定的措施提高鉴定反应的选择性，以消除干扰离子的影响。

提高鉴定反应的选择性有以下方法。

(1) 控制溶液的酸度　如以 CrO_4^{2-} 检验 Ba^{2+} 为例，Sr^{2+} 的存在会干扰 Ba^{2+} 的鉴定，如果使反应在中性或弱酸性条件下进行，由于 CrO_4^{2-} 浓度降低，而 $SrCrO_4$ 的溶解度又大于 $BaCrO_4$ 的溶解度，在此条件下不能生成 $SrCrO_4$ 沉淀，而 $BaCrO_4$ 仍能生成，从而提高了选择性。

(2) 加入掩蔽剂　如以 SCN^- 鉴定 Co^{2+} 时，Fe^{3+} 存在会产生干扰。如加入大量 F^- 做掩蔽剂，使 Fe^{3+} 变成无色的 FeF_6^{3-}，从而消除了干扰。

(3) 分离干扰离子　这是使用最多的方法。例如，用 $C_2O_4^{2-}$ 鉴定 Ca^{2+} 时，产生白色沉淀，Ba^{2+} 也同样产生沉淀。这时可加入 CrO_4^{2-} 使 Ba^{2+} 以 $BaCrO_4$ 沉淀析出，分离后即可消除干扰。

下面列出常见阳离子和常用试剂的反应。

1. 氯化物

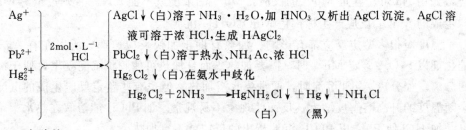

2. 硫酸盐

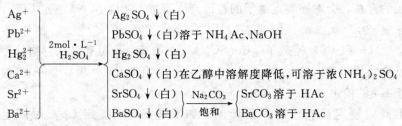

3. 氢氧化物

Na^+、K^+、NH_4^+ 不生成氢氧化物沉淀，Ca^{2+} 一般情况下沉淀不明显；离子浓度较高时有 $Ca(OH)_2$ 沉淀析出。

生成两性氢氧化物沉淀，能溶于过量 NaOH 的有：

离子	NaOH 适量	NaOH 过量
Al^{3+}	$Al(OH)_3\downarrow$（白）	$[Al(OH)_4]^-$（无色）
Cr^{3+}	$Cr(OH)_3\downarrow$（灰绿）	$[Cr(OH)_4]^-$（亮绿）
Zn^{2+}	$Zn(OH)_2\downarrow$（白）	$[Zn(OH)_4]^{2-}$（无色）
Pb^{2+}	$Pb(OH)_2\downarrow$（白）	$[Pb(OH)_4]^{2-}$（无色）
Sb^{3+}	$Sb(OH)_3\downarrow$（白）	SbO_2^-（无色）
Sn^{2+}	$Sn(OH)_2\downarrow$（白）	$[Sn(OH)_4]^{2-}$（无色）
$Sn(Ⅳ)$	$Sn(OH)_4\downarrow$（白）（或 $SnO_2\cdot H_2O$）	$[Sn(OH)_6]^{2-}$（无色）

$$Cu^{2+} \quad Cu(OH)_2\downarrow（浅蓝）\xrightarrow[\triangle]{浓\ NaOH}部分溶解，生成[Cu(OH)_4]^{2-}（蓝）$$

$Al(OH)_3$ 如放置时间长，结构改变，将不溶于过量 NaOH。

生成氢氧化物、氧化物或碱式盐沉淀，不溶于过量碱的有：

$$Mg^{2+} \quad Mg(OH)_2\downarrow（白）$$
$$Fe^{3+} \quad Fe(OH)_3\downarrow（红棕）\xrightarrow{浓\ NaOH}部分生成\ FeO_2^-$$
$$Fe^{2+} \quad Fe(OH)_2\downarrow（白）\xrightarrow{空气中\ O_2}Fe(OH)_3\downarrow$$
$$Mn^{2+} \quad Mn(OH)_2\downarrow（白）\xrightarrow{空气中\ O_2}MnO(OH)_2\downarrow（棕褐）$$

NaOH

$$Cd^{2+} \quad Cd(OH)_2\downarrow（白）$$
$$Ag^+ \quad Ag_2O\downarrow（褐）$$
$$Hg^{2+} \quad HgO\downarrow（黄）$$
$$Hg_2^{2+} \quad HgO\downarrow（黄）+Hg\downarrow（黑）$$
$$Co^{2+} \quad 碱式盐\downarrow（蓝）\xrightarrow{浓\ NaOH}Co(OH)_2\downarrow（粉红）$$
$$Ni^{2+} \quad 碱式盐\downarrow（浅绿）\xrightarrow{}Ni(OH)_2\downarrow（绿）$$

4. 氨合物

生成氢氧化物、氧化物或碱式盐沉淀，能溶于过量氨水，生成配合物的有：

离子	NH_3 适量	NH_3 过量
Ag^+	$Ag_2O\downarrow$（褐）	$[Ag(NH_3)_2]^+$（无色）
Cu^{2+}	碱式盐$\downarrow$（蓝绿）	$[Cu(NH_3)_4]^{2+}$（深蓝）
Cd^{2+}	$Cd(OH)_2\downarrow$（白）	$[Cd(NH_3)_4]^{2+}$（无色）
Zn^{2+}	$Zn(OH)_2\downarrow$（白）	$[Zn(NH_3)_4]^{2+}$（无色）
Co^{2+}	碱式盐$\downarrow$（蓝）	$[Co(NH_3)_6]^{2+}$（土黄）$\xrightarrow{空气中\ O_2}[Co(NH_3)_6]^{3+}$（红褐）
Ni^{2+}	碱式盐$\downarrow$（浅绿）	$[Ni(NH_3)_6]^{2+}$（淡紫）

生成氢氧化物或碱式盐沉淀，不溶于过量氨水的有：

$$
\left.\begin{array}{l}
Al^{3+} \\
Cr^{3+} \\
Fe^{3+} \\
Fe^{2+} \\
Mn^{2+} \\
Sn^{2+} \\
Sn(IV) \\
Pb^{2+} \\
Mg^{2+} \\
Hg^{2+} \\
Hg_2^{2+}
\end{array}\right\} \xrightarrow{NH_3}
\left\{\begin{array}{l}
Al(OH)_3\downarrow（白） \\
Cr(OH)_3\downarrow（灰绿） \\
Fe(OH)_3\downarrow（红棕） \\
Fe(OH)_2\downarrow（白）\xrightarrow{空气中 O_2} Fe(OH)_3\downarrow（红棕） \\
Mn(OH)_2\downarrow（白）\xrightarrow{空气中 O_2} MnO(OH)_2\downarrow（棕褐） \\
Sn(OH)_2\downarrow（白） \\
Sn(OH)_4\downarrow（白） \\
碱式盐\downarrow（白） \\
Mg(OH)_2\downarrow（白） \\
HgNH_2Cl\downarrow（白） \\
HgNH_2Cl\downarrow（白）+Hg\downarrow（黑）
\end{array}\right.
$$

在 NH_3-NH_4Cl 溶液中，部分 Cr^{3+} 生成 $[Cr(NH_3)_6]^{3+}$，溶液加热后，分解析出 $Cr(OH)_3$ 沉淀。

$Mg(OH)_2$ 的溶解度稍大，只有当氨水的浓度较高，即溶液中的 OH^- 浓度较高时才有 $Mg(OH)_2$ 沉淀，如果溶液中有大量 NH_4Cl 存在，由于 NH_4^+ 水解出 H^+，因而降低了 OH^- 浓度，则没有 $Mg(OH)_2$ 沉淀生成。

5. 碳酸盐

K^+、Na^+、NH_4^+ 不生成碳酸盐沉淀。Pb^{2+}、Fe^{3+}、Zn^{2+}、Co^{2+}、Ni^{2+}、Cu^{2+}、Cd^{2+}、Bi^{3+}、Mg^{2+} 生成碱式盐，其中 Zn^{2+}、Co^{2+}、Ni^{2+} 的碱式盐溶于过量的 $(NH_4)_2CO_3$。Al^{3+}、Cr^{3+}、Sn^{2+}、$Sn(IV)$、Sb^{3+} 与 $(NH_4)_2CO_3$ 反应生成氢氧化物沉淀。

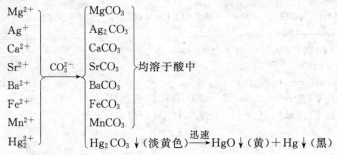

$$
\left.\begin{array}{l}
Mg^{2+} \\
Ag^+ \\
Ca^{2+} \\
Sr^{2+} \\
Ba^{2+} \\
Fe^{2+} \\
Mn^{2+} \\
Hg_2^{2+}
\end{array}\right\} \xrightarrow{CO_3^{2-}}
\left.\begin{array}{l}
MgCO_3 \\
Ag_2CO_3 \\
CaCO_3 \\
SrCO_3 \\
BaCO_3 \\
FeCO_3 \\
MnCO_3
\end{array}\right\} 均溶于酸中 \\
Hg_2CO_3\downarrow（淡黄色）\xrightarrow{迅速} HgO\downarrow（黄）+Hg\downarrow（黑）
$$

6. 硫化物

K^+，Na^+，NH_4^+ 的硫化物溶于水。

能在碱性条件下生成硫化物沉淀，不溶于水，但可溶于 HCl 的硫化物有：

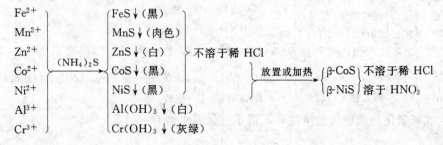

$$
\left.\begin{array}{l}
Fe^{2+} \\
Mn^{2+} \\
Zn^{2+} \\
Co^{2+} \\
Ni^{2+} \\
Al^{3+} \\
Cr^{3+}
\end{array}\right\} \xrightarrow{(NH_4)_2S}
\left\{\begin{array}{l}
FeS\downarrow（黑） \\
MnS\downarrow（肉色） \\
ZnS\downarrow（白） \\
CoS\downarrow（黑） \\
NiS\downarrow（黑） \\
Al(OH)_3\downarrow（白） \\
Cr(OH)_3\downarrow（灰绿）
\end{array}\right.
$$

不溶于稀 HCl

$\xrightarrow{放置或加热}$ $\left\{\begin{array}{l}\beta\text{-CoS} \quad 不溶于稀 HCl \\ \beta\text{-NiS} \quad 溶于 HNO_3\end{array}\right.$

不溶于稀酸，可在酸性条件下（$0.2 \sim 0.6 mol \cdot L^{-1} H^+$）沉淀的硫化物有：

$$
\begin{array}{llll}
Ag^+ & & Ag_2S\downarrow（黑） & \\
Pb^{2+} & & PbS\downarrow（黑） & \\
Cu^{2+} & & CuS\downarrow（黑） & 溶于热\,HNO_3 \\
Cd^{2+} & & CdS\downarrow（黄） & \\
Bi^{3+} & & Bi_2S_3\downarrow（黑） & \\
Hg^{2+} & H_2S & HgS\downarrow（黑） & 溶于王水 \\
Hg_2^{2+} & & HgS\downarrow+Hg\downarrow（黑） & \\
As(V) & & As_2S_5\downarrow（黄） & 不溶于浓\,HCl,溶于\,NaOH \\
As^{3+} & & As_2S_3\downarrow（黄） & \\
Sb(V) & & Sb_2S_5\downarrow（橙红） & 溶于浓\,HCl,也溶于\,NaOH \\
Sb^{3+} & & Sb_2S_3\downarrow（橙） & \\
Sn(IV) & & SnS_2\downarrow（黄） & \\
Sn^{2+} & & SnS\downarrow（褐）\quad 溶于浓\,HCl,不溶于\,NaOH &
\end{array}
$$

此外 As_2S_3、Sb_2S_3、SnS_2、As_2S_5、Sb_2S_5 和 HgS 还可溶解在 Na_2S 中，生成相应的可溶性的硫代酸盐和 $Na_2[HgS_2]$。此溶液酸化后，又重新析出硫化物沉淀并放出 H_2S 气体。另外这几种硫化物中除 HgS 外，都可溶于多硫化铵（$NH_4)_2S_x$中，生成相应的硫代酸盐（As_2S_3、Sb_2S_3 分别生成 AsS_4^{3-}、SbS_4^{3-}）。

SnS 不溶于 Na_2S，但可被 $(NH_4)_2S_x$ 氧化为 SnS_2 溶解在多硫化物中，形成 SnS_3^{2-}。

一般构成阴离子的元素较少，且许多阴离子共存的机会也较少。除少数几种阴离子外，大多数情况下阴离子鉴定时相互并不干扰。

三、仪器、药品

仪器：离心机、离心试管、试管、表面皿、酒精灯、三脚架、石棉网。

药品：$AgNO_3$（$0.1mol \cdot L^{-1}$）、$Pb(NO_3)_2$（$0.1mol \cdot L^{-1}$）、NH_4NO_3（$0.1mol \cdot L^{-1}$）、$Cr(NO_3)_3$（$0.1mol \cdot L^{-1}$）、$Hg_2(NO_3)_2$（$0.1mol \cdot L^{-1}$）、$Hg(NO_3)_2$（$0.1mol \cdot L^{-1}$）、$Co(NO_3)_2$（$0.1mol \cdot L^{-1}$）、$Fe(NO_3)_3$（$0.1mol \cdot L^{-1}$）、$Fe(NO_3)_2$（$0.1mol \cdot L^{-1}$）、$SnCl_2$（$0.1mol \cdot L^{-1}$）、$Zn(NO_3)_2$（$0.1 mol \cdot L^{-1}$）、$KSCN$（$0.1mol \cdot L^{-1}$）、$K_4[Fe(CN_6)]$（$0.1mol \cdot L^{-1}$）、KI（$0.1mol \cdot L^{-1}$）、Na_2SO_3（$0.1mol \cdot L^{-1}$）、Na_2CO_3（$0.1mol \cdot L^{-1}$）、Na_3PO_4（$0.1mol \cdot L^{-1}$）、Na_2SO_4（$0.1mol \cdot L^{-1}$）、$Na_2S_2O_3$（$0.1mol \cdot L^{-1}$）、$CuSO_4$（$0.1mol \cdot L^{-1}$）、$CrCl_3$（$0.1mol \cdot L^{-1}$）、$NaNO_2$（$0.1mol \cdot L^{-1}$）、NH_4Cl（$0.1mol \cdot L^{-1}$）、$BaCl_2$（$0.1mol \cdot L^{-1}$）、$SnCl_4$（$0.1mol \cdot L^{-1}$）、$Mg(NO_3)_2$（$0.1mol \cdot L^{-1}$）、K_2CrO_4（$0.1mol \cdot L^{-1}$）、$HgCl_2$（$0.1mol \cdot L^{-1}$）、$(NH_4)_2Hg(SCN)_4$（$0.1mol \cdot L^{-1}$）、$Pb(Ac)_2$（$0.1mol \cdot L^{-1}$）、$MnSO_4$（$0.1mol \cdot L^{-1}$）、$(NH_4)_2MoO_4$（$0.1mol \cdot L^{-1}$）、HNO_3（$2mol \cdot L^{-1}$、$6mol \cdot L^{-1}$、浓）、HCl（$2mol \cdot L^{-1}$、$6mol \cdot L^{-1}$、浓）、H_2SO_4（$2mol \cdot L^{-1}$、$6mol \cdot L^{-1}$、浓）、

HAc（$2mol \cdot L^{-1}$、$6mol \cdot L^{-1}$）、NaOH（$2mol \cdot L^{-1}$、$6mol \cdot L^{-1}$）、H_2S（饱和）、$NH_3 \cdot H_2O$（$mol \cdot L^{-1}$、$6mol \cdot L^{-1}$）、KSCN（饱和）、Cl_2水、Na_2S（$2mol \cdot L^{-1}$）、$CuSO_4$［0.02%（质量分数）］、H_2O_2［3%（质量分数）］、镁试剂、乙醚、丙酮、CCl_4、$FeSO_4 \cdot 7H_2O$（固）、$NaBiO_3$（固）、锌粉、混合液 A（含 Cu^{2+}、Mn^{2+}、Mg^{2+}）、混合液 B（含 Cr^{3+}、Hg_2^{2+}、Co^{2+}）、混合液 C（含 Ag^+、Pb^{2+}、NH_4^+）、混合液 D（含 Fe^{3+}、Sn^{4+}、Zn^{2+}）、混合液 E（含 SO_3^{2-}、CO_3^{2-}、PO_4^{3-}）、混合液 F（含 SO_4^{2-}、PO_4^{3-}、I^-）。

四、实验内容

1. 自行设计方案，任选下列混合离子溶液进行分离鉴定。

（A）Cu^{2+}、Mn^{2+}、Mg^{2+}　　　　（B）Cr^{3+}、Hg_2^{2+}、Co^{2+}

（C）Ag^+、Pb^{2+}、NH_4^+　　　　　（D）Fe^{3+}、Sn^{4+}、Zn^{2+}

2. 自行设计方案，任选下列混合离子溶液进行分离鉴定。

（A）SO_3^{2-}、CO_3^{2-}、PO_4^{3-}　　　　（B）SO_4^{2-}、PO_4^{3-}、I^-

3. 分别鉴定下列六瓶未知溶液：

Na_2SO_3、$NaNO_2$、$Na_2S_2O_3$、Na_2SO_4、$CuSO_4$、$CrCl_3$

注：

1. Cr^{3+}鉴定可通过生成黄色 $PbCrO_4$ 沉淀来实现。具体方法是在试样中加入过量 NaOH 和 H_2O_2，充分搅拌，加热煮沸，使过量 H_2O_2 分解，溶液变黄。取此溶液 2 滴，用 $6mol \cdot L^{-1}$ HAc 酸化，加 2 滴 $PbAc_2$ 生成黄色沉淀，示有 Cr^{3+}。

注意 $PbCrO_4$ 黄色沉淀析出的条件应是弱酸性或中性。

2. Hg_2^{2+} 的鉴定：取试样 2 滴加入 $2mol \cdot L^{-1}$ HCl，生成白色沉淀，搅拌，离心分离，弃去溶液，加入 $6mol \cdot L^{-1}$ $NH_3 \cdot H_2O$ 沉淀变黑色，示有 Hg_2^{2+}。

3. 若用生成 AgCl 白色沉淀的方法分离 Ag^+ 时，加入 Cl^-（如 HCl）的量要适当，以刚好沉淀完全为限，最多过量几滴，因为在 Cl^- 浓度较大时 AgCl 会有部分因生成 $[AgCl_2]^-$ 而溶解。另外，生成的沉淀应用水浴加热，以使 AgCl 胶体凝聚，便于分离。

4. Pb^{2+} 若以 $PbSO_4$ 的形式与其他离子分离时，生成的 $PbSO_4$ 可用沉淀转化的方法转化为碳酸盐，用比碳酸强的酸如醋酸来溶解。沉淀转化时一般用饱和 Na_2CO_3，同时加热并充分搅拌，用 HAc 溶解时也要加热。

5. $Sn(Ⅳ)$ 可通过生成 SnS_2 来分离，SnS_2 溶于浓 HCl 后是 $[SnCl_6]^{2-}$ 配离子，它可被金属 Zn（一般用锌粉）还原成 $SnCl_2$，然后滴加 $HgCl_2$，先有白色 Hg_2Cl_2 沉淀生成，后白色沉淀又变成灰色，最后变成黑色 Hg。说明有 $Sn(Ⅳ)$ 存在。

实验二十八　植物体中某些元素的鉴定

一、目的

1. 了解从植物体中分离和鉴定化学元素的方法。

2. 训练综合运用元素性质及相关实验知识的能力。

二、设计任务

植物体中除了 C、H、N、O 这些构成有机体的主要元素外，还含有 Na、K、Ca、Mg、Al、Fe、Zn、P、I 等微量元素。本实验要求自行设计实验方案，对树叶（枯叶或新叶）、枯枝或茶叶中的 Ca、Mg、Al、Fe、P 五种元素进行分离、鉴定。

三、实验原理和相关知识

植物样品在进行高温灰化处理，除去有机质后，剩余的灰分经过酸液浸溶，可使 Ca、Mg、Al、Fe、P 等元素转化为 Ca^{2+}、Mg^{2+}、Al^{3+}、Fe^{3+}、PO_4^{3-} 进入溶液中，即可进行分离、鉴定。

P 的鉴定不受其他几种金属离子的干扰，可直接用钼酸铵法鉴定：

$$PO_4^{3-} + 12MoO_4^{2-} + 24H^+ + 3NH_4^+ \longrightarrow (NH_4)_3PO_4 \cdot 12MoO_3 \downarrow + 12H_2O$$
$$(黄色)$$

Ca^{2+}、Mg^{2+}、Al^{3+}、Fe^{3+} 可通过控制溶液的 pH 进行分离后鉴定。以下是氢氧化物完全沉淀时 pH 值的范围：

氢氧化物	$Ca(OH)_2$	$Mg(OH)_2$	$Fe(OH)_3$	$Al(OH)_3$
$K_{sp}^{\ominus}$	5.6×10^{-6}	1.8×10^{-11}	4.0×10^{-38}	1.3×10^{-33}
氢氧化物沉淀完全时的 pH	>13	>11	>3.2	>4.7

在 pH>7.8 时，两性氢氧化物 Al (OH)$_3$ 开始溶解。

Ca^{2+} 的鉴定可用草酸铵法：

$$Ca^{2+} + C_2O_4^{2-} \longrightarrow CaC_2O_4 \downarrow （白色）$$

或在碱性溶液中加 GBHA[乙二醛双缩(2-三羟基苯胺)]的方法鉴定：

$$Ca^{2+} + GBHA \longrightarrow CaGBHA \downarrow （CHCl_3 层显红色）$$

Mg^{2+} 的鉴定可在强碱性条件下加镁试剂 I（对硝基苯偶氮间苯二酚）生成蓝色沉淀的方法来鉴定：

$$Mg^{2+} + 镁试剂 I \longrightarrow 蓝色沉淀$$

Al^{3+} 的鉴定在微碱性的条件下加铝试剂（金黄色素三羧酸铵）生成红色沉淀的方法来鉴定：

$$Al^{3+} + 铝试剂 \longrightarrow 红色沉淀$$

Fe^{3+} 可与 KSCN 或 NH_4SCN 生成血红色配合物：

$$Fe^{3+} + nSCN^- \longrightarrow [Fe(SCN)_n]^{3-n} \ (n=1 \sim 6)$$

Fe^{3+} 还可与黄血盐生成蓝色沉淀：

$$Fe^{3+} + K_4[Fe(CN)_6] \longrightarrow KFe[Fe(CN)_6] \downarrow$$

四、方案设计提示

1. Ca、Mg、Al、Fe、P 属植物中的微量元素，因而制得的滤液中相应离子的浓度都不高，为了便于检出，实验时用量不宜太少，可取 1mL 左右。

2. 用钙试剂鉴定 Ca^{2+} 时,可用三乙醇胺掩蔽 Al^{3+}、Fe^{3+} 的干扰。

3. 在离子的分离、鉴定过程中应注意控制好溶液的 pH,先使 Ca^{2+}、Mg^{2+} 与 Al^{3+}、Fe^{3+} 分离,鉴定 Ca^{2+} 和 Mg^{2+}。再分离 Al^{3+} 和 Fe^{3+},分别加以鉴定。

五、仪器、药品和材料

仪器:台秤、烧杯、试管、坩埚、坩埚钳、研钵、石棉网、漏斗、漏斗架。

药品:HCl($2mol \cdot L^{-1}$)、HNO_3($2mol \cdot L^{-1}$、$6mol \cdot L^{-1}$、浓)、NaOH($2mol \cdot L^{-1}$、$6mol \cdot L^{-1}$、40%)、$NH_3 \cdot H_2O$($2mol \cdot L^{-1}$、浓)、$CHCl_3$、三乙醇胺、钙试剂、铝试剂、镁试剂 I、$(NH_4)_2MoO_4$(固)、$K_4[Fe(CN)_6]$(固)、KSCN(固)、$(NH_4)_2C_2O_4$(固)。

材料:pH 试纸、滤纸。

六、实验内容

1. 材料准备

树叶(枯叶或绿叶)、枯枝或茶叶的植物材料可由同学自己采集或由实验室提供。

将植物材料洗净、晾干。

2. 试剂配制

根据自行设计的实验方案准备、配制所需试剂。

3. 材料的灰化

取 15g(新叶可多取一些)植物材料置于坩埚中,在酒精灯或煤气灯上加热(于通风橱内进行),小心炭化(除去水分和黑烟),继续加热,直至灰化完全。

4. 酸溶及分解

(1) 将上述灰化后的植物材料用研钵磨细。

(2) 取大部分植物灰,用 15mL $2mol \cdot L^{-1}$ HCl 溶解,搅拌,过滤。滤液可用于分离鉴定 Ca^{2+}、Mg^{2+}、Al^{3+}、Fe^{3+}。

(3) 取少量植物灰,用 2mL 浓硝酸溶解,再加 30mL 蒸馏水,过滤得透明溶液。可用于鉴定 PO_4^{3-}。

5. 离子鉴定(自行设计实验方案)

(1) 分离、鉴定 Ca^{2+}、Mg^{2+}、Al^{3+}、Fe^{3+}。

(2) 鉴定 PO_4^{3-}。

附　　录

附录1　常用元素的相对原子质量（2007）

元素		相对原子质量	元素		相对原子质量
符　号	名　称		符　号	名　称	
Ag	银	107.868	In	铟	114.818
Al	铝	26.9815	K	钾	39.098
Ar	氩	39.948	Kr	氪	83.798
As	砷	74.9216	Li	锂	6.941
Au	金	196.967	Mg	镁	24.305
B	硼	10.811	Mn	锰	54.938
Ba	钡	137.327	N	氮	14.0067
Be	铍	9.01218	Na	钠	22.9898
Bi	铋	208.98	Ne	氖	20.1797
Br	溴	79.904	Ni	镍	58.6934
C	碳	12.0107	O	氧	15.9994
Ca	钙	40.078	P	磷	30.974
Cd	镉	112.41	Pb	铅	207.2
Cl	氯	35.453	Pd	钯	106.42
Co	钴	58.933	Pt	铂	195.078
Cr	铬	51.996	S	硫	32.065
Cu	铜	63.546	Sb	锑	121.76
F	氟	18.998	Se	硒	78.96
Fe	铁	55.845	Si	硅	28.086
Ga	镓	69.723	Sn	锡	118.71
Ge	锗	72.64	Sr	锶	87.62
H	氢	1.00794	Ti	钛	47.867
He	氦	4.0026	V	钒	50.942
Hg	汞	200.59	Xe	氙	131.293
I	碘	126.904	Zn	锌	65.409

附录 2　常用酸、碱溶液的近似浓度

试剂名称	化学式	质量分数 / %	密度 / g·cm⁻³	物质的量浓度 / mol·L⁻¹
浓盐酸	HCl	37	1.19	12
浓硝酸	HNO₃	70	1.42	16
浓硫酸	H₂SO₄	96	1.84	18
高氯酸	HClO₄	70	1.67	12
浓磷酸	H₃PO₄	85	1.69	15
冰醋酸	CH₃COOH	99	1.05	17
浓氨水	NH₃·H₂O	28	0.90	15
浓氢氧化钠	NaOH	40	1.43	14

附录 3　我国化学试剂的等级

级别	纯度分类	代表符号	标签颜色	附注
一级	优级纯	G.R.	绿色	纯度高,杂质极少,主要用于精密分析和科学研究
二级	分析纯	A.R.	红色	纯度略低于优级纯,杂质质量分数略高于优级纯,适用于重要分析和一般性科研
三级	化学纯	C.P.	蓝色	纯度较分析纯差,但高于实验试剂,适用于工业分析与化学实验
四级	实验试剂	L.R.	黄色	纯度低于化学纯,但高于工业品,适用于一般化学实验,不能用于分析工作

注：化学试剂除上述几个等级外,还有基准试剂、光谱纯试剂及超纯试剂等。

附录 4　几种常用酸碱指示剂

指示剂	变色范围(pH 值)及颜色	配制方法
甲基紫	(黄)0.1~1.5(蓝)	0.1g 甲基紫溶于 100mL 水
溴酚蓝	(黄)3.0~4.6(蓝)	0.1g 溴酚蓝溶于 100mL20%乙醇
甲基橙	(红)3.0~4.4(黄)	0.1g 甲基橙溶于 100mL 水
溴甲酚绿	(黄)3.8~5.4(蓝)	0.1g 溴甲酚绿溶于 100mL20%乙醇
甲基红	(红)4.2~6.2(黄)	0.1g 甲基红溶于 100mL60%乙醇
溴百里酚蓝	(黄)6.0~7.6(蓝)	0.1g 溴百里酚蓝溶于 100mL20%乙醇
酚红	(黄)6.8~8.4(红)	0.1g 酚红溶于 100mL20% 乙醇
中性红	(红)6.8~8.0(黄)	0.1g 中性红溶于 100mL60%乙醇
酚酞	(无色)8.2~10.0(红)	0.1g 酚酞溶于 100mL60%乙醇
百里酚酞	(无色)9.3~10.5(蓝)	0.1g 百里酚酞溶于 100mL90%乙醇

附录5　一些弱电解质的解离常数

弱电解质	解离常数 $K^{\ominus}$		
HF	$K^{\ominus}=6.61\times10^{-4}$		
HAc	$K^{\ominus}=1.75\times10^{-5}$		
HCOOH	$K^{\ominus}=1.77\times10^{-4}$		
HCN	$K^{\ominus}=6.17\times10^{-10}$		
HNO_2	$K^{\ominus}=7.24\times10^{-4}$		
HClO	$K^{\ominus}=2.88\times10^{-8}$		
H_3BO_3	$K^{\ominus}=3.75\times10^{-10}$		
CO_2+H_2O	$K_1^{\ominus}=4.4\times10^{-7}$	$K_2^{\ominus}=5.61\times10^{-11}$	
SO_2+H_2O	$K_1^{\ominus}=1.29\times10^{-2}$	$K_2^{\ominus}=6.16\times10^{-8}$	
H_2SiO_3	$K_1^{\ominus}=1.7\times10^{-10}$	$K_2^{\ominus}=1.58\times10^{-12}$	
$H_2C_2O_4$	$K_1^{\ominus}=5.4\times10^{-2}$	$K_2^{\ominus}=6.4\times10^{-5}$	
H_2S	$K_1^{\ominus}=9.1\times10^{-8}$	$K_2^{\ominus}=1.1\times10^{-12}$	
H_2O_2	$K^{\ominus}=2.24\times10^{-12}$		
H_2CrO_4	$K_1^{\ominus}=9.5$	$K_2^{\ominus}=3.2\times10^{-7}$	
$H_2B_4O_7$	$K_1^{\ominus}=10^{-4}$	$K_2^{\ominus}=10^{-9}$	
H_3PO_4	$K_1^{\ominus}=7.08\times10^{-3}$	$K_2^{\ominus}=6.31\times10^{-8}$	$K_3^{\ominus}=4.17\times10^{-13}$
$HAsO_2$	$K^{\ominus}=6.61\times10^{-10}$		
H_3AsO_3	$K_1^{\ominus}=6.03\times10^{-3}$	$K_2^{\ominus}=1.05\times10^{-7}$	$K_3^{\ominus}=3.16\times10^{-12}$
NH_3+H_2O	$K_b^{\ominus}=1.74\times10^{-5}$		

附录6　一些难溶电解质的溶度积（291~298K）

难溶电解质	化学式	溶度积 $K_{sp}^{\ominus}$	难溶电解质	化学式	溶度积 $K_{sp}^{\ominus}$
溴化银	AgBr	5.2×10^{-13}	磷酸钙	$Ca_3(PO_4)_3$	2.0×10^{-29}
氯化银	AgCo	1.8×10^{-10}	氢氧化钙	$Ca(OH)_2$	5.6×10^{-6}
		1.3×10^{-9}(50℃)	硫酸钙	$CaSO_4$	9.1×10^{-6}
氰化银	AgCN	1.2×10^{-16}	硫化镉	CdS	8.0×10^{-27}
碳酸银	Ag_2CO_3	8.1×10^{-12}	氢氧化铬	$Cr(OH)_3$	6.3×10^{-31}
铬酸银	Ag_2CrO_4	2.0×10^{-12}	氢氧化钴	$Co(OH)_2$(新析出)	1.6×10^{-15}
碘化银	AgI	8.2×10^{-17}	硫化钴	α-CoS	4.0×10^{-21}
硫化银	Ag_2S	6.3×10^{-50}		β-CoS	2.0×10^{-25}
氢氧化铝	$Al(OH)_3$	1.3×10^{-33}	氯化亚铜	CuCl	1.2×10^{-6}
碳酸钡	$BaCO_3$	5.1×10^{-9}	氰化亚铜	CuCN	3.2×10^{-20}
铬酸钡	$BaCrO_4$	1.2×10^{-10}	碘化亚铜	CuI	1.1×10^{-12}
硫酸钡	$BaSO_4$	1.1×10^{-10}	氢氧化铜	$Cu(OH)_2$	2.2×10^{-20}
氢氧化铋	$Bi(OH)_3$	4.0×10^{-31}	硫化铜	CuS	6.3×10^{-36}
硫化铋	Bi_2S_3	1×10^{-97}	硫化亚铜	Cu_2S	2.5×10^{-48}
碳酸钙	$CaCO_3$	2.8×10^{-9}	氢氧化亚铁	$Fe(OH)_2$	8.0×10^{-16}
氟化钙	CaF_2	5.3×10^{-9}	氢氧化铁	$Fe(OH)_3$	4.0×10^{-38}

难溶电解质	化学式	溶度积 $K_{sp}^{\ominus}$	难溶电解质	化学式	溶度积 $K_{sp}^{\ominus}$
硫化亚铁	FeS	6.3×10^{-18}	氯化铅	$PbCl_2$	1.6×10^{-5}
氯化亚汞	Hg_2Cl_2	1.3×10^{-18}	铬酸铅	$PbCrO_4$	2.8×10^{-13}
碘化汞	HgI_2	2.8×10^{-29}	碘化铅	PbI_2	7.1×10^{-9}
碘化亚汞	Hg_2I_2	5.3×10^{-29}	碘酸铅	$Pb(IO_3)_2$	3.7×10^{-13}
硫化汞	HgS(黑)	1.6×10^{-52}	氢氧化铅	$Pb(OH)_2$	2.0×10^{-15}
硫化亚汞	Hg_2S	1.0×10^{-47}	硫化铅	PbS	1.08×10^{-28}
碳酸镁	$MgCO_3$	3.5×10^{-8}	硫酸铅	$PbSO_4$	1.6×10^{-8}
氢氧化镁	$Mg(OH)_2$	1.8×10^{-11}	氢氧化锑	$Sb(OH)_3$	4.0×10^{-42}
碳酸锰	$MnCO_3$	2.2×10^{-11}	氢氧化亚锡	$Sn(OH)_2$	1.4×10^{-28}
氢氧化锰	$Mn(OH)_2$	1.9×10^{-13}	硫化亚锡	SnS	1.0×10^{-25}
硫化锰	MnS(无定形)	2.5×10^{-10}	硫化锡	SnS_2	2.0×10^{-27}
氢氧化镍	$Ni(OH)_2$(新析出)	2.0×10^{-15}	碳酸锶	$SrCO_3$	1.1×10^{-10}
硫化镍	α-NiS	3.2×10^{-19}	铬酸锶	$SrCrO_4$	2.2×10^{-5}
	β-NiS	1.0×10^{-24}	硫酸锶	$SrSO_4$	3.4×10^{-7}
碳酸铅	$PbCO_3$	1.5×10^{-13}	氢氧化锌	$Zn(OH)_2$	1.2×10^{-17}
草酸铅	PbC_2O_4	8.5×10^{-10}	硫化锌	α-ZnS	1.6×10^{-24}

附录7　一些配离子的不稳定常数（298K）

配　离　子	不稳定常数 $K_{不稳}^{\ominus}$ 表达式	$K_{不稳}^{\ominus}$ 值	$(pK_{不稳}^{\ominus})$
$[Ag(NH_3)_2]^+$	$K_{不稳}^{\ominus}=\dfrac{[Ag^+][NH_3]^2}{[Ag(NH_3)_2^+]}$	9.1×10^{-8}	(7.04)
$[Ag(SCN)_2]^-$	$K_{不稳}^{\ominus}=\dfrac{[Ag^+][SCN^-]^2}{[Ag(SCN)_2^-]}$	2.69×10^{-8}	(7.57)
$[Ag(CN)_2]^-$	$K_{不稳}^{\ominus}=\dfrac{[Ag^+][CN^-]^2}{[Ag(CN)_2^-]}$	7.9×10^{-22}	(21.10)
$[Cu(NH_3)_4]^{2+}$	$K_{不稳}^{\ominus}=\dfrac{[Cu^{2+}][NH_3]^4}{[Cu(NH_3)_4^{2+}]}$	4.79×10^{-14}	(13.32)
$[Cu(CN)_2]^-$	$K_{不稳}^{\ominus}=\dfrac{[Cu^+][CN^-]^2}{[Cu(CN)_2^-]}$	1×10^{-24}	(24.0)
$[Zn(NH_3)_4]^{2+}$	$K_{不稳}^{\ominus}=\dfrac{[Zn^{2+}][NH_3]^4}{[Zn(NH_3)_4^{2+}]}$	3.47×10^{-10}	(9.46)
$[Zn(CN)_4]^{2-}$	$K_{不稳}^{\ominus}=\dfrac{[Zn^{2+}][CN^-]^4}{[Zn(CN)_4^{2-}]}$	2.0×10^{-17}	(16.7)
$[Cd(NH_3)_4]^{2+}$	$K_{不稳}^{\ominus}=\dfrac{[Cd^{2+}][NH_3]^4}{[Cd(NH_3)_4^{2+}]}$	7.58×10^{-8}	(7.12)
$[HgI_4]^{2-}$	$K_{不稳}^{\ominus}=\dfrac{[Hg^{2+}][I^-]^4}{[HgI_4^{2-}]}$	1.48×10^{-30}	(29.83)
$[HgCl_4]^{2-}$	$K_{不稳}^{\ominus}=\dfrac{[Hg^{2+}][Cl^-]^4}{[HgCl_4^{2-}]}$	8.51×10^{-15}	(14.07)
$[SnCl_4]^{2-}$	$K_{不稳}^{\ominus}=\dfrac{[Sn^{2+}][Cl^-]^4}{[SnCl_4^{2-}]}$	3.31×10^{-2}	(1.48)
$[Fe(CN)_6]^{4-}$	$K_{不稳}^{\ominus}=\dfrac{[Fe^{2+}][CN^-]^6}{[Fe(CN)_6^{4-}]}$	1.26×10^{-37}	(36.90)
$[Fe(CN)_6]^{3-}$	$K_{不稳}^{\ominus}=\dfrac{[Fe^{3+}][CN^-]^6}{[Fe(CN)_6^{3-}]}$	1.33×10^{-44}	(43.89)

附录 8　标准电极电势 （298K）

（1）在酸性溶液中

氧化还原电对	电极反应		$E^{\ominus}$/V
	氧化型	$+ne \Longrightarrow$ 还原型	
Li^+/Li	Li^+	$+e \Longrightarrow Li$	-3.0401
Cs^+/Cs	Cs^+	$+e \Longrightarrow Cs$	-3.026
Rb^+/Rb	Rb^+	$+e \Longrightarrow Rb$	-2.98
K^+/K	K^+	$+e \Longrightarrow K$	-2.931
Ba^{2+}/Ba	Ba^{2+}	$+2e \Longrightarrow Ba$	-2.912
Sr^{2+}/Sr	Sr^{2+}	$+2e \Longrightarrow Sr$	-2.89
Ca^{2+}/Ca	Ca^{2+}	$+2e \Longrightarrow Ca$	-2.868
Na^+/Na	Na^+	$+e \Longrightarrow Na$	-2.71
Mg^{2+}/Mg	Mg^{2+}	$+2e \Longrightarrow Mg$	-2.372
H_2/H^-	$\frac{1}{2}H_2$	$+e \Longrightarrow H^-$	-2.23
Sc^{3+}/Sc	Sc^{3+}	$+3e \Longrightarrow Sc$	-2.077
$[AlF_6]^{3-}/Al^-$	$[AlF_6]^{3-}$	$+3e \Longrightarrow Al+6F^-$	-2.069
Be^{2+}/Be	Be^{2+}	$+2e \Longrightarrow Be$	-1.847
Al^{3+}/Al	Al^{3+}	$+3e \Longrightarrow Al$	-1.662
Ti^{2+}/Ti	Ti^{2+}	$+2e \Longrightarrow Ti$	-1.630
Ti^{3+}/Ti	Ti^{3+}	$+3e \Longrightarrow Ti$	-1.37
$[SiF_6]^{2-}/Si$	$[SiF_6]^{2-}$	$+4e \Longrightarrow Si+6F^-$	-1.24
Mn^{2+}/Mn	Mn^{2+}	$+2e \Longrightarrow Mn$	-1.185
V^{2+}/V	V^{2+}	$+2e \Longrightarrow V$	-1.175
Cr^{2+}/Cr	Cr^{2+}	$+2e \Longrightarrow Cr$	-0.913
H_3BO_3/B	$H_3BO_3+3H^+$	$+3e \Longrightarrow B+3H_2O$	-0.8698
Zn^{2+}/Zn	Zn^{2+}	$+2e \Longrightarrow Zn$	-0.7618
Cr^{3+}/Cr	Cr^{3+}	$+3e \Longrightarrow Cr$	-0.744
As/AsH_3	$As+3H^+$	$+3e \Longrightarrow AsH_3$	-0.608
Ga^{3+}/Ga	Ga^{3+}	$+3e \Longrightarrow Ga$	-0.549
H_3PO_2/P	$H_3PO_2+H^+$	$+e \Longrightarrow P+2H_2O$	-0.508
TiO_2/Ti^{2+}	TiO^2+4H^+	$+2e \Longrightarrow Ti^{2+}+2H_2O$	-0.502
H_3PO_3/P	$H_3PO_3+3H^+$	$+3e \Longrightarrow P+3H_2O$	-0.454
Fe^{2+}/Fe	Fe^{2+}	$+2e \Longrightarrow Fe$	-0.447
Cr^{3+}/Cr^{2+}	Cr^{3+}	$+e \Longrightarrow Cr^{2+}$	-0.407
Cd^{2+}/Cd	Cd^{2+}	$+2e \Longrightarrow Cd$	-0.4030
PbI_2/Pb	PbI_2	$+2e \Longrightarrow Pb+2I^-$	-0.365
$PbSO_4/Pb$	$PbSO_4$	$+2e \Longrightarrow Pb+SO_4^{2-}$	-0.3588
Co^{2+}/Co	Co^{2+}	$+2e \Longrightarrow Co$	-0.28
H_3PO_4/H_3PO_3	$H_3PO_4+2H^+$	$+2e \Longrightarrow H_3PO_3+H_2O$	-0.276
Ni^{2+}/Ni	Ni^{2+}	$+2e \Longrightarrow Ni$	-0.257
CuI/Cu	CuI	$+e \Longrightarrow Cu+I^-$	-0.180
AgI/Ag	AgI	$+e \Longrightarrow Ag+I^-$	-0.1522

氧化还原电对	电极反应		$E^{\ominus}/V$
	氧化型	$+ne\Longrightarrow$还原型	
Sn^{2+}/Sn	Sn^{2+}	$+2e\Longrightarrow Sn$	-0.1375
Pb^{2+}/Pb	Pb^{2+}	$+2e\Longrightarrow Pb$	-0.1262
$P(红)/PH_3(g)$	$P(红)+3H^+$	$+3e\Longrightarrow PH_3(g)$	-0.111
WO_3/W	WO_3+6H^+	$+6e\Longrightarrow W+3H_2O$	-0.090
Fe^{3+}/Fe	Fe^{3+}	$+3e\Longrightarrow Fe$	-0.037
H^+/H_2	$2H^+$	$+2e\Longrightarrow H_2$	0.0000
$AgBr/Ag$	$AgBr$	$+e\Longrightarrow Ag+Br^-$	0.07133
$S_4O_6^{2-}/S_2O_3^{2-}$	$S_4O_6^{2-}$	$+2e\Longrightarrow 2S_2O_3^{2-}$	0.08
S/H_2S	$S+2H^+$	$+2e\Longrightarrow H_2S(水溶液)$	0.142
Sn^{4+}/Sn^{2+}	Sn^{4+}	$+2e\Longrightarrow Sn^{2+}$	0.151
Sb_2O_3/Sb	$Sb_2O_3+6H^+$	$+6e\Longrightarrow 2Sb+3H_2O$	0.152
Cu^{2+}/Cu^+	Cu^{2+}	$+e\Longrightarrow Cu^+$	0.153
SO_4^{2-}/H_2SO_3	$SO_4^{2-}+4H^+$	$+2e\Longrightarrow H_2SO_3+H_2O$	0.172
$AgCl/Ag$	$AgCl$	$+e\Longrightarrow Ag+Cl^-$	0.2223
Hg_2Cl_2/Hg	Hg_2Cl_2	$+2e\Longrightarrow 2Hg+2Cl^-$	0.2681
Bi^{3+}/Bi	Bi^{3+}	$+3e\Longrightarrow Bi$	0.308
VO^{2+}/V^{3+}	$VO^{2+}+2H^+$	$+e\Longrightarrow V^{3+}+H_2O$	0.337
Cu^{2+}/Cu	Cu^{2+}	$+2e\Longrightarrow Cu$	0.3419
$[Fe(CN)_6]^{3-}/[Fe(CN)_6]^{4-}$	$[Fe(CN)_6]^{3-}$	$+e\Longrightarrow [Fe(CN)_6]^{4-}$	0.358
$H_2SO_3/S_2O_3^{2-}$	$2H_2SO_3+2H^+$	$+4e\Longrightarrow S_2O_3^{2-}+3H_2O$	0.4101
Ag_2CrO_4/Ag	Ag_2CrO_4	$+2e\Longrightarrow 2Ag+CrO_4^{2-}$	0.447
H_2SO_3/S	$H_2SO_3+4H^+$	$+4e\Longrightarrow S+3H_2O$	0.449
Cu^+/Cu	Cu^+	$+e\Longrightarrow Cu$	0.521
I_2/I^-	I_2	$+2e\Longrightarrow 2I^-$	0.5355
MnO_4^-/MnO_4^{2-}	MnO_4^-	$+e\Longrightarrow MnO_4^{2-}$	0.558
H_3AsO_4/H_3AsO_3	$H_3AsO_4+2H^+$	$+2e\Longrightarrow H_3AsO_3+H_2O$	0.560
$S_2O_6^{2-}/H_2SO_3$	$S_2O_6^{2-}+4H^+$	$+e\Longrightarrow 2H_2SO_3$	0.564
Sb_2O_5/SbO^+	$Sb_2O_5+6H^+$	$+4e\Longrightarrow 2SbO^++3H_2O$	0.581
O_2/H_2O_2	O^2+2H^+	$+2e\Longrightarrow H_2O_2$	0.695
Fe^{3+}/Fe^{2+}	Fe^{3+}	$+e\Longrightarrow Fe^{2+}$	0.771
Hg_2^{2+}/Hg	Hg_2^{2+}	$+2e\Longrightarrow 2Hg$	0.7973
Ag^+/Ag	Ag^+	$+e\Longrightarrow Ag$	0.7996
NO_3^-/N_2O_4	$2NO_3^-+4H^+$	$+2e\Longrightarrow N_2O_4+2H_2O$	0.803
Hg^{2+}/Hg	Hg^{2+}	$+2e\Longrightarrow Hg$	0.851
SiO_2/Si	SiO_2+4H^+	$+4e\Longrightarrow Si+2H_2O$	0.857
N_2O_4/NO_2^-	N_2O_4	$+2e\Longrightarrow 2NO_2^-$	0.867
Hg^{2+}/Hg_2^{2+}	$2Hg^{2+}$	$+2e\Longrightarrow Hg_2^{2+}$	0.920
NO_3^-/HNO_2	$NO_3^-+3H^+$	$+2e\Longrightarrow HNO_2+H_2O$	0.934
NO_3^-/NO	$NO_3^-+4H^+$	$+3e\Longrightarrow NO+2H_2O$	0.957
HNO_2/NO	HNO_2+H^+	$+e\Longrightarrow NO+H_2O$	0.983
HIO/I^-	$HIO+H^+$	$+2e\Longrightarrow I^-+H_2O$	0.987
N_2O_4/NO	$N_2O_4+4H^+$	$+4e\Longrightarrow 2NO+2H_2O$	1.035
N_2O_4/HNO_2	$N_2O_4+2H^+$	$+2e\Longrightarrow 2HNO_2$	1.065

续表

氧化还原电对	电极反应		$E^\ominus$/V
	氧化型	$+ne \Longrightarrow$ 还原型	
Br_2/Br^-	Br_2	$+2e \Longrightarrow 2Br^-$	1.066
IO_3^-/I^-	$IO_3^- + 6H^+$	$+6e \Longrightarrow I^- + 3H_2O$	1.085
SeO_4^{2-}/H_2SeO_3	$SeO_4^{2-} + 4H^+$	$+2e \Longrightarrow H_2SeO_3 + H_2O$	1.151
ClO_3^-/ClO_2	$ClO_3^- + 2H^+$	$+e \Longrightarrow ClO_2 + H_2O$	1.152
ClO_4^-/ClO_3^-	$ClO_4^- + 2H^+$	$+2e \Longrightarrow ClO_3^- + H_2O$	1.189
IO_3^-/I_2	$IO_3^- + 6H^+$	$+5e \Longrightarrow \frac{1}{2}I_2 + 3H_2O$	1.195
MnO_2/Mn^{2+}	$MnO_2 + 4H^+$	$+2e \Longrightarrow Mn^{2+} + 2H_2O$	1.224
O_2/H_2O	$O_2 + 4H^+$	$+4e \Longrightarrow 2H_2O$	1.229
$Cr_2O_7^{2-}/Cr^{3+}$	$Cr_2O_7^{2-} + 14H^+$	$+6e \Longrightarrow 2Cr^{3+} + 7H_2O$	1.232
$ClO_2/HClO_2$	$ClO_2 + H^+$	$+e \Longrightarrow HClO_2$	1.277
HNO_2/N_2O	$2HNO_2 + 4H^+$	$+4e \Longrightarrow N_2O + 3H_2O$	1.297
$HBrO/Br$	$HBrO + H^+$	$+2e \Longrightarrow Br^- + H_2O$	1.331
Cl_2/Cl^-	Cl_2	$+2e \Longrightarrow 2Cl^-$	1.3583
ClO_4^-/Cl^-	$ClO_4^- + 8H^+$	$+8e \Longrightarrow Cl^- + 4H_2O$	1.389
ClO_4^-/Cl_2	$ClO_4^- + 8H^+$	$+7e \Longrightarrow 1/2Cl_2 + 4H_2O$	1.39
BrO_3^-/Br^-	$BrO_3^- + 6H^+$	$+6e \Longrightarrow Br^- + 3H_2O$	1.423
HIO/I_2	$2HIO + 2H^+$	$+2e \Longrightarrow I_2 + 2H_2O$	1.439
ClO_3^-/Cl^-	$ClO_3^- + 6H^+$	$+6e \Longrightarrow Cl^- + 3H_2O$	1.4531
PbO_2/Pb^{2+}	$PbO_2 + 4H^+$	$+2e \Longrightarrow Pb^{2+} + 2H_2O$	1.455
ClO_3^-/Cl_2	$ClO_3^- + 6H^+$	$+5e \Longrightarrow 1/2Cl_2 + 3H_2O$	1.47
$HClO/Cl^-$	$HClO + H^+$	$+2e \Longrightarrow Cl^- + H_2O$	1.482
BrO_3^-/Br_2	$BrO_3^- + 6H^+$	$+5e \Longrightarrow 1/2Br_2 + 6H_2O$	1.482
Au^{3+}/Au	Au^{3+}	$+3e \Longrightarrow Au$	1.498
MnO_4^-/Mn^{2+}	$MnO_4^- + 8H^+$	$+5e \Longrightarrow Mn^{2+} + 4H_2O$	1.507
$HClO_2/Cl^-$	$HClO_2 + 3H^+$	$+4e \Longrightarrow Cl^- + 2H_2O$	1.570
NO/N_2O	$2NO + 2H^+$	$+2e \Longrightarrow N_2O + H_2O$	1.591
$NaBiO_3/Bi^{3+}$	$NaBiO_3 + 6H^+$	$+2e \Longrightarrow Bi^{3+} + Na^+ + 3H_2O$	1.60
H_5IO_6/IO_3^-	$H_5IO_6 + H^+$	$+2e \Longrightarrow IO_3^- + 3H_2O$	1.601
$HClO/Cl_2$	$2HClO + 2H^+$	$+2e \Longrightarrow Cl_2 + 2H_2O$	1.611
NiO_2/Ni^{2+}	$NiO_2 + 4H^+$	$+2e \Longrightarrow Ni^{2+} + 2H_2O$	1.678
Au^+/Au	Au^+	$+e \Longrightarrow Au$	1.692
MnO_4^-/MnO_2	$MnO_4^- + 4H^+$	$+3e \Longrightarrow MnO_2 + 2H_2O$	1.696
H_2O_2/H_2O	$H_2O_2 + 2H^+$	$+e \Longrightarrow 2H_2O$	1.776
Co^{3+}/Co^{2+}	Co^{3+}	$+e \Longrightarrow Co^{2+}$	1.92
$S_2O_8^{2-}/SO_4^{2-}$	$S_2O_8^{2-}$	$+2e \Longrightarrow 2SO_4^{2-}$	2.010
O_3/O_2	$O_3 + 2H^+$	$+2e \Longrightarrow O_2 + H_2O$	2.076
F_2/F^-	F_2	$+2e \Longrightarrow 2F^-$	2.866
F_2/HF	$F_2 + 2H^+$	$+2e \Longrightarrow 2HF$	3.053

（2）在碱性溶液中

氧化还原电对	电极反应		$E^\ominus/V$
	氧化型	$+n$e$\Longrightarrow$还原型	
$Ca(OH)_2/Ca$	$Ca(OH)_2$	$+2e\Longrightarrow Ca+2OH^-$	-3.02
$Ba(OH)_2/Ba$	$Ba(OH)_2$	$+2e\Longrightarrow Ba+2OH^-$	-2.99
$Sr(OH)_2/Sr$	$Sr(OH)_2$	$+2e\Longrightarrow Sr+2OH^-$	-2.88
$Mg(OH)_2/Mg$	$Mg(OH)_2$	$+2e\Longrightarrow Mg+2OH^-$	-2.690
$[Al(OH)_4]^-/Al$	$[Al(OH)_4]^-$	$+3e\Longrightarrow Al+4OH^-$	-2.328
$Al(OH)_3/Al$	$Al(OH)_3$ · ·	$+3e\Longrightarrow Al+3OH^-$	-2.31
SiO_3^{2-}/Si	$SiO_3^{2-}+3H_2O$	$+4e\Longrightarrow Si+6OH^-$	-1.697
$Mn(OH)_2/Mn$	$Mn(OH)_2$	$+2e\Longrightarrow Mn+2OH^-$	-1.56
$Cr(OH)_3/Cr$	$Cr(OH)_3$	$+3e\Longrightarrow Cr+3OH^-$	-1.48
ZnO/Zn	$ZnO+H_2O$	$+2e\Longrightarrow Zn+2OH^-$	-1.260
$Zn(OH)_2/Zn$	$Zn(OH)_2+H_2O$	$+2e\Longrightarrow Zn+2OH^-$	-1.249
$SO_3^{2-}/S_2O_4^{2-}$	$2SO_3^{2-}+2H_2O$	$+2e\Longrightarrow S_2O_4^{2-}+4OH^-$	-1.12
PO_4^{3-}/HPO_3^{2-}	$PO_4^{3-}+2H_2O$	$+2e\Longrightarrow HPO_3^{2-}+3OH^-$	-1.05
$[Sn(OH)_6]^{2-}/HSnO_2^-$	$[Sn(OH)_6]^{2-}$	$+2e\Longrightarrow HSnO_2^-+3OH^-+H_2O$	-0.93
SO_4^{2-}/SO_3^{2-}	$SO_4^{2-}+H_2O$	$+2e\Longrightarrow SO_3^{2-}+2OH^-$	-0.93
$Fe(OH)_2/Fe$	$Fe(OH)_2$	$+2e\Longrightarrow Fe+2OH^-$	-0.8914
P/PH_3	$P+3H_2O$	$+3e\Longrightarrow PH_3+3OH^-$	-0.87
NO_3^-/N_2O_4	$2NO_3^-+2H_2O$	$+2e\Longrightarrow N_2O_4+4OH^-$	-0.85
H_2O/H_2	$2H_2O$	$+2e\Longrightarrow H_2+2OH^-$	-0.8277
$Co(OH)_2/Co$	$Co(OH)_2$	$+2e\Longrightarrow Co+2OH^-$	-0.73
$Ni(OH)_2/Ni$	$Ni(OH)_2$	$+2e\Longrightarrow Ni+2OH^-$	-0.72
AsO_4^{3-}/AsO_2^-	$AsO_4^{3-}+2H_2O$	$+2e\Longrightarrow AsO_2^-+4OH^-$	-0.71
AsO_2^-/As	$AsO_2^-+2H_2O$	$+3e\Longrightarrow As+4OH^-$	-0.68
SO_3^{2-}/S^{2-}	$SO_3^{2-}+3H_2O$	$+6e\Longrightarrow S^{2-}+6OH^-$	-0.61
SbO_3^-/SbO_2^-	$SbO_3^-+H_2O$	$+2e\Longrightarrow SbO_2^-+2OH^-$	-0.59
$SO_3^{2-}/S_2O_3^{2-}$	$2SO_3^{2-}+3H_2O$	$+4e\Longrightarrow S_2O_3^{2-}+6OH^-$	-0.571
$Fe(OH)_3/Fe(OH)_2$	$Fe(OH)_3$	$+e\Longrightarrow Fe(OH)_2+OH^-$	-0.56
S/S^{2-}	S	$+2e\Longrightarrow S^{2-}$	-0.4763
NO_2^-/NO	$NO_2^-+H_2O$	$+e\Longrightarrow NO+2OH^-$	-0.46
$Cu(OH)_2/Cu$	$Cu(OH)_2$	$+2e\Longrightarrow Cu+2OH^-$	-0.222
$CrO_4^{2-}/Cr(OH)_3$	$CrO_4^{2-}+4H_2O$	$+3e\Longrightarrow Cr(OH)_3+5OH^-$	-0.13
$Cu(OH)_2/Cu_2O$	$2Cu(OH)_2$	$+2e\Longrightarrow Cu_2O+2OH^-+H_2O$	-0.08
O_2/HO_2^-	O_2+H_2O	$+2e\Longrightarrow HO_2^-+OH^-$	-0.076
$MnO_2/Mn(OH)_2$	MnO_2+2H_2O	$+2e\Longrightarrow Mn(OH)_2+2OH^-$	-0.0514
NO_3^-/NO_2^-	$NO_3^-+H_2O$	$+2e\Longrightarrow NO_2^-+2OH^-$	0.01
$[Co(NH_3)_6]^{3+}/[Co(NH_3)_6]^{2+}$	$[Co(NH_3)_6]^{3+}$	$+e\Longrightarrow [Co(NH_3)_6]^{2+}$	0.108
IO_3^-/IO^-	$IO_3^-+2H_2O$	$+4e\Longrightarrow IO^-+4OH^-$	0.15
$Mn(OH)_3/Mn(OH)_2$	$Mn(OH)_3$	$+e\Longrightarrow Mn(OH)_2+OH^-$	0.15
NO_2^-/N_2O	$2NO_2^-+3H_2O$	$+4e\Longrightarrow N_2O+6OH^-$	0.15
$Co(OH)_3/Co(OH)_2$	$Co(OH)_3$	$+e\Longrightarrow Co(OH)_2+OH^-$	0.17
IO_3^-/I^-	$IO_3^-+3H_2O$	$+6e\Longrightarrow I^-+6OH^-$	0.26
Ag_2O/Ag	Ag_2O+H_2O	$+2e\Longrightarrow 2Ag+2OH^-$	0.342
ClO_4^-/ClO_3^-	$ClO_4^-+H_2O$	$+2e\Longrightarrow ClO_3^-+2OH^-$	0.36

续表

氧化还原电对	电极反应		$E^\ominus$/V
	氧化型	$+ne \rightleftharpoons$ 还原型	
O_2/OH^-	O_2+2H_2O	$+4e\rightleftharpoons 4OH^-$	0.401
BrO^-/Br_2	$2BrO^-+2H_2O$	$+2e\rightleftharpoons Br_2+4OH^-$	0.45
IO^-/I^-	IO^-+H_2O	$+2e\rightleftharpoons I^-+2OH^-$	0.485
$NiO_2/Ni(OH)_2$	NiO_2+2H_2O	$+2e\rightleftharpoons Ni(OH)_2+2OH^-$	0.490
MnO_4^-/MnO_2	$MnO_4^-+2H_2O$	$+3e\rightleftharpoons MnO_2+4OH^-$	0.595
MnO_4^{2-}/MnO_2	$MnO_4^{2-}+2H_2O$	$+2e\rightleftharpoons MnO_2+4OH^-$	0.60
BrO_3^-/Br^-	$BrO_3^-+3H_2O$	$+6e\rightleftharpoons Br^-+6OH^-$	0.61
ClO_3^-/Cl^-	$ClO_3^-+3H_2O$	$+6e\rightleftharpoons Cl^-+6OH^-$	0.62
ClO_2^-/ClO^-	$ClO_2^-+H_2O$	$+2e\rightleftharpoons ClO^-+2OH^-$	0.66
$H_3IO_6^{2-}/IO_3^-$	$H_3IO_6^{2-}$	$+2e\rightleftharpoons IO_3^-+3OH^-$	0.7
ClO_2^-/Cl^-	$ClO_2^-+2H_2O$	$+4e\rightleftharpoons Cl^-+4OH^-$	0.76
NO/N_2O	$2NO+H_2O$	$+2e\rightleftharpoons N_2O+2OH^-$	0.76
BrO^-/Br^-	BrO^-+H_2O	$+2e\rightleftharpoons Br^-+2OH^-$	0.761
ClO^-/Cl^-	ClO^-+H_2O	$+2e\rightleftharpoons Cl^-+2OH^-$	0.841
HO_2^-/OH^-	$HO_2^-+H_2O$	$+2e\rightleftharpoons 3OH^-$	0.878
O_3/O_2	O_3+H_2O	$+2e\rightleftharpoons O_2+2OH^-$	1.24

附录9　常见离子和化合物的颜色

无色离子									
Na^+	K^+	NH_4^+	Mg^{2+}	Ca^{2+}	Sr^{2+}	Ba^{2+}	Al^{3+}	Sn^{2+}	Sn^{4+}
Pb^{2+}	Bi^{3+}	Ag^+	Zn^{2+}	Cd^{2+}	Hg^{2+}	Hg_2^{2+}	TiO^{2+}	$[Ag(NH_3)_2]^+$	
BO_2^-	CO_3^{2-}	$C_2O_4^{2-}$	Ac^-	SiO_3^{2-}	NO_3^-	NO_2^-	PO_4^{3-}	SO_4^{2-}	SO_3^{2-}
$S_2O_3^{2-}$	S^{2-}	F^-	Cl^-	ClO^-	ClO_3^-	ClO_4^-	Br^-	BrO_3^-	I^-
IO_3^-	SCN^-	$[FeF_6]^{3-}$		$[Ag(S_2O_3)_2]^{3-}$					

有色离子				
$[Ti(H_2O)_6]^{3+}$	$[Cr(H_2O)_6]^{3+}$	CrO_2^-	CrO_4^{2-}	$Cr_2O_7^{2-}$
紫色	紫色	亮绿色	黄色	橙色
$[Mn(H_2O)_6]^{2+}$	MnO_4^{2-}	MnO_4^-	$[Fe(H_2O)_6]^{2+}$	$[Fe(H_2O)_6]^{3+}$
浅粉色	绿色	紫红色	浅绿色	淡紫色
$[Fe(CN)_6]^{4-}$	$[Fe(CN)_6]^{3-}$	$[Fe(NCS)_n]^{3-n}$	$[Co(H_2O)_6]^{2+}$	$[Co(NH_3)_6]^{2+}$
黄色	红棕色	血红色	粉红色	黄色
$[Co(NH_3)_6]^{3+}$	$[Co(SCN)_4]^{2-}$	$[Ni(H_2O)_6]^{2+}$	$[Cu(H_2O)_4]^{2+}$	$[Cu(NH_3)_4]^{2+}$
红棕色	蓝色	绿色	浅蓝色	深蓝色
I_3^-				
黄棕色				

氧化物				
TiO_2	Cr_2O_3	CrO_3	MnO_2	FeO
白色或红色	绿色	橙红色	棕褐色	黑色
Fe_2O_3	CoO	Co_2O_3	NiO_2	Ni_2O_3
砖红色	灰绿色	黑色	暗绿色	黑色
Cu_2O	CuO	Ag_2O	ZnO	Hg_2O
红色	黑色	黑色	白色	黑褐色
HgO	Pb_3O_4			
红色或黄色	红色			

Mg(OH)$_2$	Ca(OH)$_2$	Al(OH)$_3$	Sn(OH)$_2$	Sn(OH)$_4$
白色	白色	白色	白色	白色
Pb(OH)$_2$	Sb(OH)$_3$	Bi(OH)$_3$	Cr(OH)$_3$	Mn(OH)$_2$
白色	白色	白色	灰绿色	白色
Fe(OH)$_2$	Fe(OH)$_3$	Co(OH)$_2$	Co(OH)$_3$	Ni(OH)$_2$
白色	红棕色	粉红色	褐色	浅绿色
Ni(OH)$_3$	CuOH	Cu(OH)$_2$	Zn(OH)$_2$	Cd(OH)$_2$
黑色	黄色	浅蓝色	白色	白色

（氢氧化物）

Sn(OH)Cl	PbCl$_2$	PbI$_2$	SbOCl	BiOCl
白色	白色	黄色	白色	白色
FeCl$_3 \cdot 6H_2O$	CoCl$_2$	CoCl$_2 \cdot 6H_2O$	CuCl$_2$	CuCl$_2 \cdot 2H_2O$
黄棕色	蓝色	浅粉色	棕黄色	蓝色
CuCl	CuI	AgCl	AgBr	AgI
白色	白色	白色	浅黄色	黄色
Hg(NH$_2$)Cl	Hg$_2$Cl$_2$	HgI$_2$	Hg$_2$I$_2$	
白色	白色	红色	黄绿色	

（卤化物）

SnS	SnS$_2$	PbS	AS$_2$S$_3$	AS$_2$S$_5$
褐色	黄色	黑色	浅黄色	浅黄色
Sb$_2$S$_3$	Sb$_2$S$_5$	Bi$_2$S$_3$	MnS	FeS
橙色	橙红色	暗棕色	肉色	黑色
CoS	NiS	CuS	Cu$_2$S	Ag$_2$S
黑色	黑色	黑色	黑色	黑色
ZnS	CdS	HgS	Hg$_2$S	
白色	黄色	黑色	黑色	

（硫化物）

CaSO$_4 \cdot 2H_2O$	SrSO$_4$	BaSO$_4$	PbSO$_4$	Cr$_2$(SO$_4$)$_3 \cdot 6H_2O$
白色	无色	白色	白色	绿色
MnSO$_4 \cdot 5H_2O$	FeSO$_4 \cdot 7H_2O$	CoSO$_4 \cdot 7H_2O$	CuSO$_4 \cdot 5H_2O$	Ag$_2$SO$_4$
粉红色	蓝绿色	粉红色	蓝色	白色
CaCO$_3$	BaCO$_3$	PbCO$_3$	Cu$_2$(OH)$_2$CO$_3$	Ag$_2$CO$_3$
白色	白色	白色	暗绿色	白色
Ag$_3$PO$_4$	BaCrO$_4$	PbCrO$_4$	Ag$_2$CrO$_4$	CaC$_2$O$_4$
黄色	黄色	黄色	砖红色	白色
Ag$_2$C$_2$O$_4$	Ag$_2$S$_2$O$_3$	BaSiO$_3$	MnSiO$_3$	Fe$_2$(SiO$_3$)$_3$
白色	白色	白色	肉色	棕红色
CoSiO$_3$	NiSiO$_3$	CuSiO$_3$	ZnSiO$_3$	
紫色	绿色	蓝色	白色	

（含氧酸盐）

参 考 文 献

[1] 古国榜，李朴. 无机化学. 第 2 版. 北京：化学工业出版社，2007.

[2] 古国榜. 大学化学教程. 第 2 版. 北京：化学工业出版社，2004.

[3] 古国榜，李朴. 无机化学实验. 北京：化学工业出版社，2009.

[4] 华南理工大学无机化学教研室编. 无机化学实验. 广州：华南理工大学出版社，1999.

[5] 中山大学等校编. 无机化学实验. 第 3 版. 北京：高等教育出版社，1994.

[6] 华东化工学院无机化学教研室编. 无机化学实验. 第 3 版. 北京：高等教育出版社，1990.

[7] 北京师范大学等编. 无机化学实验. 第 3 版. 北京：高等教育出版社，2004.

[8] 郑春生，杨南，李梅等. 基础化学试验. 天津：南开大学出版社，2001.

[9] 陆根土，王中庸. 无机化学实验教学指导书. 北京：高等教育出版社，1992.

[10] 张济新，邹文樵等编. 实验化学原理与方法. 北京：化学工业出版社，1999.

[11] 仝克勤主编. 基础化学实验. 北京：化学工业出版社，2007.

[12] 武汉大学化学与分子科学学院实验中心编. 无机化学实验. 武汉：武汉大学出版社，2002.

[13] 曹凤歧. 无机化学实验与指导. 第 2 版. 北京：中国医药科技出版社，2006.

[14] 刘晓薇. 实验化学基础. 北京：国防工业出版社，2005.

[15] 袁书玉. 无机化学实验. 北京：清华大学出版社，1995.

[16] 周锦兰，张开诚. 实验化学. 武汉：华中科技大学出版社，2005.

[17] 浙江大学化学系组编. 大学化学基础实验. 北京：科学出版社，2005.

[18] 袁天佑，吴文伟，王清. 无机化学实验. 上海：华东理工大学出版社，2005.

[19] 张其颖，王麟生，陈波. 元素化学试验. 上海：华东师范大学出版社，2006.

[20] 李文军. 无机化学实验. 北京：化学工业出版社，2008.

[21] 徐琰，何占航. 无机化学实验. 郑州：郑州大学出版社，2002.

[22] 翟永清，马志林. 无机化学实验. 北京：化学工业出版社，2008.

[23] 夏玉宇. 化学实验室手册. 北京：化学工业出版社，2004.

[24] 李华昌，符斌. 实用化学手册. 北京：化学工业出版社，2006.

[25] 夏玉宇. 化验员实用手册. 北京：化学工业出版社，1999.

[26] 李聚源等. "化学反应摩尔焓变的测定"实验的改进. 化学世界，2003，44 (8)：444.